# 2

Springer-Verlag

Berlin Heidelberg GmbH 1983

| | |
|---|---|
| Wörterbuch der Kraftübertragungselemente<br>Band 2 · Zahnradgetriebe | **D** |
| Diccionario de elementos de transmisión<br>Tomo 2 · Reductores de engranajes | **E** |
| Glossaire des Organes de Transmission<br>Volume 2 · Ensembles montés à base<br>d'engrenages | **F** |
| Glossary of Transmission Elements<br>Volume 2 · Gear Units | **GB** |
| Glossario degli Organi di Trasmissione<br>Volume 2 · Riduttori di velocità ad ingranaggi | **I** |
| Glossarium voor Transmissie-organen<br>Deel 2 · Tandwielkasten | **NL** |
| Ordbok för Transmissionselement<br>Band 2 · Kuggväxlar | **S** |
| Voimansiirtoalan sanakirja<br>Osa 2 · Hammasvaihteet | **SF** |

Eurotrans

Europäisches Komitee der Fachverbände
der Hersteller von Getrieben und Antriebselementen
Federführung bei der
Fachgemeinschaft Antriebstechnik im VDMA
Lyoner Straße 18, D-6000 Frankfurt/Main 71

CIP-Kurztitelaufnahme der Deutschen Bibliothek

Wörterbuch der Kraftübertragungselemente
Diccionario de elementos de transmissión
EUROTRANS, Europ. Komitee d. Fachverb. d.
Hersteller von Getrieben u. Antriebselementen.
Federführung bei d. Fachgemeinschaft Antriebs-
technik im VDMA
Berlin, Heidelberg, New York: Springer
NE: Europäisches Komitee der Fachverbände der
Hersteller von Getrieben und Antriebselementen, PT
Bd. 2 Zahnradgetriebe. 1983

ISBN 978-3-642-88724-6    ISBN 978-3-642-88723-9 (eBook)
DOI 10.1007/978-3-642-88723-9



Satz: Daten- und Lichtsatz-Service, Würzburg

2362/3020-543210

| | | | |
|---|---|---|---|
| **D** | Band | 1 | Zahnräder |
| | | 2 | Zahnradgetriebe |
| | | 3 | Stufenlos einstellbare Getriebe |
| | | 4 | Zahnradfertigung und -kontrolle |
| | | 5 | Kupplungen |
| **E** | Tomo | 1 | Ruedas dentadas |
| | | 2 | Reductores de engranajes |
| | | 3 | Variadores de velocidad |
| | | 4 | Fabricación de engranages y verificación |
| | | 5 | Acoplamientos y embragues |
| **F** | Volume | 1 | Engrenages |
| | | 2 | Ensembles montés à base d'engrenages |
| | | 3 | Variateurs de vitesse |
| | | 4 | Fabrication des engrenages et contrôle |
| | | 5 | Accouplements et embrayages |
| **GB** | Volume | 1 | Gears |
| | | 2 | Gear Units |
| | | 3 | Speed Variators |
| | | 4 | Gear Manufacture and Testing |
| | | 5 | Couplings and Clutches |
| **I** | Volume | 1 | Ingranaggi |
| | | 2 | Riduttori di velocità ad ingranaggi |
| | | 3 | Variatori di velocità |
| | | 4 | Fabbricazione degli ingranaggi e loro controllo |
| | | 5 | Giunti (accoppiamenti) |
| **NL** | Deel | 1 | Tandwielen |
| | | 2 | Tandwielkasten |
| | | 3 | Regelbare aandrijvingen (variatoren) |
| | | 4 | Tandwielfabrikage en kwaliteitskontrole |
| | | 5 | Koppelingen |
| **S** | Band | 1 | Kugghjul |
| | | 2 | Kuggväxlar |
| | | 3 | Steglöst inställbara växlar |
| | | 4 | Produktion och kontroll av kugghjul |
| | | 5 | Kopplingar |
| **SF** | Osa | 1 | Hammaspyörät |
| | | 2 | Hammasvaihteet |
| | | 3 | Portaattomasti säädettävät vaihteet |
| | | 4 | Hammaspyörien valmistus ja tarkastus |
| | | 5 | Kytkimet |

# Vorwort

D

Die europäischen Fachverbände der Hersteller von Getrieben und Antriebselementen haben 1967 unter dem Namen „Europäisches Komitee der Fachverbände
der Hersteller von Getrieben und Antriebselementen", kurz EUROTRANS, ein
Komitee gegründet. Die Ziele dieses Komitees sind:

a) die gemeinsamen wirtschaftlichen und technischen Fachprobleme zu studie-
   ren,
b) ihre gemeinschaftlichen Interessen gegenüber internationalen Organisationen
   zu vertreten,
c) das Fachgebiet auf internationaler Ebene zu fördern

Das Komitee stellt einen Verband ohne Rechtspersönlichkeit und ohne Erwerbs-
zweck dar.


Die Mitgliedsverbände von EUROTRANS sind:

Fachgemeinschaft Antriebstechnik im VDMA
Lyoner Straße 18, D-6000 Frankfurt/Main 71,

Servicio Tecnico Comercial de Constructores de Bienes de Equipo (SERCOBE) –
Grupo de Transmision Mecanica
Jorge Juan, 47, E-Madrid-1,

SYNECOT – Syndicat National des Fabricants d'Engrenages et Constructeurs
d'Organes de Transmission
9, rue des Celtes, F-95100 Argenteuil,

FABRIMETAL – groep 11/1 "Tandwielen, transmissie-organen"
Lakenweversstraat 21, B-1050 Brussel,

BGMA – British Gear Manufacturers Association
P.O. Box 121, GB-Sheffield S 1 3 AF,

ASSIOT – Associazione Italiana Costruttori Organi di Trasmissione e Ingranaggi
Via Cadamosto 2, I-20129 Milano,

FME – Federatie Metaal-en Elektrotechnische Industrie
Postbus 190, NL-2700 AD Zoetermeer,

Sveriges Mekanförbund
Storgatan 19, S-11485 Stockholm,

Suomen Metalliteollisuuden Keskusliitto, Voimansiirtoryhmä
Eteläranta 10, SF-00130 Helsinki 13.

EUROTRANS ist mit dieser Veröffentlichung in der glücklichen Lage, den zweiten Band eines fünfbändigen Wörterbuches in acht Sprachen (Deutsch, Spanisch, Französisch, Englisch, Italienisch, Niederländisch, Schwedisch und Finnisch) über Zahnräder, Getriebe und Antriebselemente vorzulegen.

Dieses Wörterbuch wurde von einer EUROTRANS-Arbeitsgruppe unter Mitarbeit von Ingenieuren und Übersetzern aus Deutschland, Spanien, Frankreich, England, Italien, den Niederlanden, Belgien, Schweden und Finnland ausgearbeitet. Es soll den wechselseitigen internationalen Informationsaustausch erleichtern und den Leuten vom Fach, die sich in aller Herren Länder mit ähnlichen Aufgaben befassen, die Möglichkeit bieten, einander besser zu verstehen und besser kennenzulernen.

# Einleitung

Das vorliegende Werk umfaßt:

acht einsprachige alphabetische Register einschließlich Synonyme in den Sprachen Deutsch, Spanisch, Französisch, Englisch, Italienisch, Niederländisch, Schwedisch und Finnisch.

Im Glossar findet man hinter der Abbildung die Normbegriffe in den acht Sprachen. Jede Rubrik beginnt mit einer Kenn-Nummer.

Sucht man zu einem Stichwort, das in einer der acht Sprachen des Wörterbuches gegeben ist, die Übersetzung in eine der sieben anderen Sprachen, so braucht man nur die Kenn-Nummer des Stichwortes im betreffenden Register festzustellen und findet unter dieser Nummer die Übersetzung im Glossar.

Dieselbe Verfahrensweise gilt für Synonyme, die mit einem * gekennzeichnet sind. Hat ein Wort im alphabetischen Register mehrere Nummern, so ist es je nach dem Sinnzusammenhang verschieden zu übersetzen.

Beispiel: ,,Schaltgetriebe''

Suchen Sie im deutschen Register das Wort auf. Hinter dem Wort finden Sie die Nr. 5047

Suchen Sie nun im Glossar die Nr. 5047 auf. Hinter der Abbildung finden Sie die Normbegriffe in

| | |
|---|---|
| Deutsch | – Schaltgetriebe |
| Spanisch | – Caja de velocidades |
| Französisch | – Boîte de vitesses |
| Englisch | – Speed change gear unit |
| Italienisch | – Cambio di velocità |
| Niederländisch | – Schakeltandwielkast |
| Schwedisch | – Omläggbar växel |
| Finnisch | – Monivälityksinen hammasvaihde |

Die Begriffe mit den Nummern 1111 bis 4414 sind in Band 1 ,,Zahnräder'' enthalten.

# Alphabetisches Wörterverzeichnis einschließlich Synonyme

Synonyme = *

| Federring, aufgebogen | 6273.1 |
| Federring, gewölbt | 6273.2 |
| Federring mit Schutzmantel | 6273.3 |
| Federscheibe | 6274.0 |
| Federscheibe, gebogen | 6274.1 |
| Federscheibe, gewölbt | 6274.2 |
| Fellowsrad * | 2192 |
| Fellowswerkzeug * | 2192 |
| Festlager | 6433 |
| Fett | 6503 |
| Fett-Abschirmplatte | 6541 |
| Fettstopfbüchse | 6533 |
| Feuerungsvorrichtungen | 6639 |
| Filzring | 6525 |
| Flache Kronenmutter | 6254.2 |
| Flache Rändelmutter | 6260.2 |
| Flache Rändelschraube | 6233.2 |
| Flache Sechskantmutter | 6251.2 |
| Flachkopfschraube mit Schlitz | 6220 |
| Fläche der Kehlung auf Außenzylinder * | 4315 |
| Fläche der Kehlung auf Fußzylinder * | 4316 |
| Fläche der Kehlung auf Kopfzylinder * | 4315 |
| Fläche der Kehlung auf Teilzylinder * | 4312 |
| Flankenform A (ZA-Schnecke) | 4231 |
| Flankenform I (ZI-Schnecke) | 4234 |
| Flankenform K (ZK-Schnecke) | 4233 |
| Flankenform N (ZN-Schnecke) | 4232 |
| Flankenlinie | 1232 |
| Flankenlinie auf dem Grundzylinder * | 2123 |
| Flankenprofil | 1233.1 |
| Flankenprofil * | 2181 |
| Flankenprofil am Rückenkegel * | 3118 |
| Flankenrücknahme * | 1317 |
| Flankenrücknahme am Zahnende * | 1317 |
| Flansch | 6340 |
| Flanschbuchse | 6319 |
| Flanschdeckel | 6144 |
| Flanschgetriebe | 5005 |
| Flanschgetriebemotor | 5043 |
| Flanschwelle | 6116 |
| Flanschzylinder * | 6319 |
| Flexibles Rohr | 6543 |
| Flügelmutter | 6261 |
| Flügelschraube | 6232 |
| Flügelzellenpumpe | 6538 |
| Förderanlagen | 6610 |
| Formwelle | 5110 |
| Formzahl | 4226 |
| Freilauf | 6346 |
| Freischnitt am Zahnfuß * | 1315 |
| Führungslager | 6434 |

| Füllstopfen | 6522 |
| Fundament | 6131 |
| Fußausrundungsfläche * | 1254 |
| Fußfläche * | 1222.1 |
| Fußflanke | 1251.1 |
| Fußflankeneingriffsfläche * | 2245 |
| Fußfreischnitt | 1315 |
| Fußgetriebe | 5006 |
| Fußgetriebemotor | 5042 |
| Fußhöhe | 2133, 4229 |
| Fußhöhe (bezogen auf den Mittelkreis) | 4344 |
| Fußhöhe am Kegelrad | 3144 |
| Fußkegel | 3114.1 |
| Fußkegelwinkel | 3125.1 |
| Fußkehlfläche | 4316 |
| Fußkreis | 2117.1, 4319 |
| Fußkreis am Kegelrad | 3126.1 |
| Fußkreisdurchmesser | 2118.1, 4323 |
| Fußkreisdurchmesser am Kegelrad | 3127.1 |
| Fußmantelfläche | 1222 |
| Fußplatte * | 6141 |
| Fußrücknahme | 1314.1 |
| Fußrundungsfläche | 1254 |
| Fußwinkel | 3145 |
| Fußzylinder | 2113.1 |
| | |
| Gabel * | 5128 |
| Ganghöhe * | 1412 |
| Gangrichtung | 1413.1 |
| Gangzahl | 4211.1 |
| Gebläse | 6602 |
| Gefräste Verzahnung | 5131 |
| Gegenflanken | 1241 |
| Gegengerichtete Flanken | 1244 |
| Gegenlager * | 6403 |
| Gegenmutter * | 6264 |
| Gegenrad | 1121 |
| Gegossene Verzahnung | 5136 |
| Gehäuse | 5201 |
| Gehäuse aus geschweißtem Blech | 5204.3 |
| Gehäuse aus Gußeisen | 5204.1 |
| Gehäuse aus Kunststoff | 5204.5 |
| Gehäuse aus Leichtmetall | 5204.4 |
| Gehäuse aus Stahl | 5204.2 |
| Gehäuseflansch | 6136 |
| Gehäusehälfte | 5207 |
| Gehäuse mit (Kühl)rippen | 5205 |
| Gehäuse mit Ölwanne | 5208 |
| Gehäuseoberteil | 5206.1 |
| Gehäuseunterteil | 5206.3 |
| Gehäuseverstärkung * | 5211 |
| Gehäusezwischenteil | 5206.2 |
| Geläppte Verzahnung | 5140 |

D

D

| Kopfkreisdurchmesser * | 4321 | Längenballigkeit * | 1316 |
|---|---|---|---|
| Kopfkreisdurchmesser am Kegelrad | 3127 | Längsballigkeit * | 1316 |
| | | Längskorrektur am Zahnende * | 1317 |
| Kopfkreisdurchmesser im Mittelschnitt | 4322 | Lage der Wellen | 6125.0 |
| | | Lager | 6400 |
| Kopfkreis im Mittelschnitt | 4318 | Lagerbuchse | 6436 |
| Kopflängskante * | 1221.2 | Lagerdeckel | 6147 |
| Kopfmantelfläche | 1221 | Lagergehäuse | 6438 |
| Kopfrücknahme | 1314 | Lagerkappe | 6145 |
| Kopfschraube * | 6218 | Lager mit Dichtscheibe(n) | 6437.0 |
| Kopfspiel | 2223, 4413 | Lager mit 1 Dichtscheibe | 6437.1 |
| Kopfwinkel | 3143 | Lager mit 2 Dichtscheiben | 6437.2 |
| Kopfzylinder | 2113 | Langsamlaufende Welle | 6105 |
| Kopfzylinder * | 4314 | Lastringschraube * | 6231 |
| Kopfzylinder-Fläche * | 1221.1 | Laterne | 6134 |
| Kopfzylinder-Mantelfläche * | 1221 | Laternenrad * | 2173 |
| Korrigierte Kopfhöhe * | 2162 | Laufflanke * | 1245 |
| Kraftübertragende Flanke * | 1245 | Lauf-Modul | 1214.1 |
| Krane | 6611 | Lauftemperatur * | 6055.1 |
| Kranzbreite | 4326.1 | Laufübersetzung * | 1132 |
| Kreiselpumpe | 6536 | Laufzeit pro Tag | 6052 |
| Kreisevolvente | 1418 | Lebensdauer | 6053 |
| Kreiswulst * | 4111 | Lehrzahnrad | 1111.1 |
| Kreuzende Wellen | 6125.4 | Leichtmetallgehäuse * | 5204.4 |
| Kreuzlochmutter | 6258 | Leistung | 6016 |
| Kreuzlochschraube mit Schlitz | 6224 | Lenkgetriebe | 5060 |
| Kreuzungsabstand der Flankenlinie * | 3174 | Lenkung * | 5060 |
| | | Linien und Flächen am Torus | 4110 |
| Kreuzungsebene | 4311 | Linksdrehend | 6126.2 |
| Kreuzungswinkel der Achsen * | 1118 | Linksflanke | 1242.1 |
| Kritischer Biegequerschnitt * | 2156.2 | Linkssteigende Verzahnung | 1265 |
| Kritischer Querschnitt am Zahnfuß * | 2156.2 | Linsenschraube mit Kreuzschlitz | 6217 |
| | | Linsensenkschraube * | 6222 |
| Kronenmutter | 6254.0 | Linsensenkschraube mit Kreuzschlitz | 6215 |
| Kronenmutter, normal | 6254.1 | Linsensenkschraube mit Schlitz | 6222 |
| Kronenrad * | 3172 | Loslager | 6432 |
| Kühler | 6569.0 | Lückenweite am Normalschnitt | 2157 |
| Kühler mit Luft | 6569.1 | Lückenweite im Stirnschnitt | 2148 |
| Kühler mit Öl | 6569.3 | Lüfter * | 6617 |
| Kühler mit Wasser | 6569.2 | | |
| Kühlschlange | 6571 | | |
| Künstlicher Unterschnitt * | 1315 | | |
| Kugelevolvente * | 1419 | Madenschraube * | 6229 |
| Kugellager | 6405 | Mäßige Stöße | 6050.2 |
| Kunststoffdichtung | 6531.2 | Magnetgleitlager (ohne Kontakt) | 6443 |
| Kunststoffgehäuse | 5204.5 | Manometer | 6564 |
| Kunststoffindustrie | 6632 | Mantel des Außenzylinders * | 4313 |
| Kupplungsring | 5126 | Mantel des Kopfzylinders * | 4313 |
| Kurbelwelle | 6120 | Masse | 6039 |
| Kurvenverzahnung * | 1268 | Maßstab | 6007 |
| Kurvenzahnrad * | 1263 | Mehrfache Radpaarung * | 1113 |
| | | Mehrfachübersetzung | 6030 |
| | | Mehrstufiges Zahnradgetriebe * | 1113 |
| Labyrinthdichtung | 6529 | Meisterrad * | 1111.1 |
| Länge der Eingriffsstrecke * | 2242 | Meisterzahnrad * | 1111.1 |
| Länge der Schnecke * | 4215 | Metallmühlen | 6627 |

D

D

D

D

# Prólogo

Las asociaciones profesionales de constructores europeos de engranajes y elementos de transmisión crearon en 1967, con el nombre de "Comisión Europea de Asociaciones de Fabricantes de Engranajes y Elementos de Transmisión", en abreviatura EUROTRANS, una Comisión que tiene por objetivos:

a) el estudio de los problemas económicos y técnicos comunes al sector;
b) la defensa de sus intereses comunitarios ante las organizaciones internacionales;
c) el fomento del sector a nivel internacional.

La Comisión constituye una asociación sin personalidad jurídica ni fines lucrativos.

Las asociaciones miembros de EUROTRANS son:

Fachgemeinschaft Antriebstechnik im VDMA
Lyoner Straße 18, D-6000 Frankfurt/Main 71,

Servicio Técnico Comercial de Constructores de Bienes de Equipo (SERCOBE) –
Grupo de Transmisión Mecánica
Jorge Juan, 47, E-Madrid-1,

SYNECOT – Syndicat National des Fabricants d'Engrenages et Constructeurs
d'Organes de Transmission
9, rue des Celtes, F-95100 Argenteuil,

FABRIMETAL – groupe 11/1 Section ,,Engrenages, appareils et organes de transmission"
21 rue des Drapiers, B-1050 Bruxelles,

BGMA – British Gear Manufacturers Association
P.O. Box 121, GB-Sheffield S 1 3 AF,

ASSIOT – Associazione Italiana Costruttori Organi di Trasmissione e Ingranaggi
Via Cadamosto 2, I-20129 Milano,

FME – Federatie Metaal-en Elektrotechnische Industrie
Postbus 190, NL-2700 AD Zoetermeer,

Sveriges Mekanförbund
Storgatan 19, S-11485 Stockholm,

Suomen Metalliteollisuuden Keskusliitto, Voimansiirtoryhmä
Eteläranta 10, SF-00130 Helsinki 13.

EUROTRANS se congratula al hallarse en condiciones de presentar con esta publicación el segundo tomo de un diccionario, integrado por cinco volúmenes, relativo a términos del engranaje y elementos de transmisión.

Este diccionario ha sido elaborado por un grupo de trabajo de EUROTRANS, con la colaboración de ingenieros y traductores en Alemania, España, Francia, Inglaterra, Italia, Paises Bajos, Bélgica, Suecia y Finlandia. Su finalidad es facilitar el intercambio de mutuas informaciones, en el terreno internacional, ofreciendo al mismo tiempo al personal de este sector en todos los paises, la posibilidad de conocerse y comprenderse.

# Introducción

La presente obra se compone de:

ocho registros alfabéticos incluyendo sinónimos en los siguientos idiomas: alemán, español, francés, inglés, italiano, holandés, sueco y finlandés.

En el diccionario, junto a cada figura se encuentra su denominación en ocho idiomas. Cada linea comienza con un número de referencia.

Al buscarse, para una palabra determinada en uno de los ocho idiomas, el término correspondiente en una de las siete restantes lenguas, sólo habrá que averiguar el número de referencia en el indice y se encontrará gracias al citado número, el término traducido a los diferentes idiomas, en el diccionario.

El mismo procedimiento se aplica para los sinónimos, los cuales están señalados con un asterisco. Caso de llevar una palabra en el diccionario varios números, ello significa que se traduce, de acuerdo con el contexto, con diferentes términos.

Ejemplo: "Caja de velocidades"

Se busca la palabra en el índice. El término va seguido del n° 5047.

Entonces se busca en el diccionario en n° 5047, junto al que se encuentra el dibujo seguido del término tipo traducido en los siguientes idiomas:

Alemán     – Schaltgetriebe
Español    – Caja de velocidades
Francés    – Boîte de vitesses
Inglés     – Speed change gear unit
Italiano   – Cambio di velocità
Holandés   – Schakeltandwielkast
Sueco      – Omläggbar växel
Finlandés  – Monivälityksinen hammasvaihde

Los términos númerados del 1111 al 4414 se encuentran en Tomo 1 "Engranajes".

# Indice alfabético de términos, incluyendo sinónimos

Sinónimos = *

| Arandela de seguridad | 6278.0 |
| Arandela de seguridad | 6279.0 |
| Arandela de seguridad con dos aletas | 6278.2 |
| Arandela de seguridad con pestaña exterior | 6279.1 |
| Arandela de seguridad con pestaña interior | 6279.2 |
| Arandela de seguridad con una aleta | 6278.1 |
| Arandela de seguridad para ejes | 6293 |
| Arandela elástica dentada | 6276.0 |
| Arandela elástica dentada exterior | 6276.1 |
| Arandela elástica dentada interior | 6276.2 |
| Arandela elástica embutida y dentada | 6276.3 |
| Arandela embutida de seguridad | 6263 |
| Arandela plana | 6271.1 |
| Arandela resorte | 6273.0 |
| Arandela resorte | 6274.0 |
| Arandela resorte con anillo de seguridad | 6273.3 |
| Arandela resorte curvada | 6274.1 |
| Arandela resorte ondulada | 6273.2 |
| Arandela resorte ondulada | 6274.2 |
| Arandela resorte plana (grower) | 6273.1 |
| Arandelas | 6270 |
| Arco de contacto aparente | 2235.1 |
| Arco de recubrimiento | 2236.1 |
| Arco total de contacto | 2234.1 |
| Arista de cabeza de diente | 1222.2 |
| Asiento interior | 5210 |
| Axial | 6128,3 |
|  |  |
| Bancada | 6140 |
| Base | 6138 |
| Bloque de cimentación | 6141 |
| Bomba centrífuga | 6536 |
| Bomba de aceite | 6535 |
| Bomba de engranajes | 6539 |
| Bomba de paletas | 6538 |
| Bomba de pistones | 6537 |
| Bombas | 6634 |
| Bombeado longitudinal | 1316 |
| Brazo de reacción | 6349 |
| Brida | 6340 |
| Brida de apoyo | 6342 |
| Brida de motor | 6341 |
|  |  |
| Cabrestantes de elevación | 6643 |
| Caja de piñones | 5054 |
| Caja de piñones dúo | 5055 |
| Caja de piñones trio | 5056 |
| Caja de rodamiento | 6438 |



| Caja de velocidades | 5047 |
| Caja de velocidades con cambio automático | 5052 |
| Caja de velocidades con cambio en marcha | 5050 |
| Caja de velocidades con cambio en paro | 5049 |
| Caja de velocidades de n trenes de engranajes | 5048 |
| Caja de velocidades sincronizadas | 5051 |
| Caja puente | 5057 |
| Cara de referencia de la rueda cónica | 3133 |
| Calado en caliente | 6119.2 |
| Calado en frio | 6119.1 |
| Calado hidraúlico | 6119.3 |
| Calentador de inmersión | 6573 |
| Cambio de sección | 6129 |
| Cambio de velocidades | 5125 |
| Cantidad | 6015 |
| Cantidad de aceite | 6517 |
| Características | 6000 |
| Cara de fijación (mecanizada o en bruto) | 6139 |
| Carbonitruración | 6154 |
| Cargadoras (apiladoras) | 6639 |
| Carril tensor motor | 6133 |
| Cárter | 5201 |
| Cárter alargado | 5203 |
| Cárter con aletas | 5205 |
| Cárter con depósito de aceite | 5208 |
| Cárter de fundición | 5204.1 |
| Cárter en acero moldeado | 5204.2 |
| Cárter en aleación ligera | 5204.4 |
| Cárter en chapa soldada | 4204.3 |
| Cárter en plástico | 5204.5 |
| Cárter inferior | 5206.3 |
| Cárter intermedio | 5206.2 |
| Cárter monobloc | 5202 |
| Cárter superior | 5206.1 |
| Casquillo | 6318 |
| Casquillo con valona | 6319 |
| Casquillo extriado | 6320 |
| Casquillo roscado | 6321 |
| Casquillos de cojinete | 6436 |
| Cementación | 6152 |
| Cervecerías y destilerías | 6603 |
| Chaveta | 6330.0 |
| Chaveta con cabeza | 6333 |
| Chaveta cónica | 6330.2 |
| Chaveta de media-luna | 6334 |
| Chaveta escalonada | 6331 |
| Chaveta para atornillar | 6336 |
| Chaveta paralela | 6330.1 |
| Chaveta regulable de media caña | 6335 |
| Chaveta tangencial | 6332 |

E

E

E

E

**E**

E

**E**

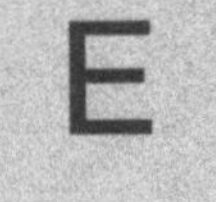

| | | | |
|---|---|---|---|
| Tuerca cuadrada | 6255 | Unión macho-hembra de reducción | 6548 |
| Tuerca de sombrerete | 6253.0 | Unión recta* | 6551 |
| Tuerca de sombrerete alta | 6253.1 | | |
| Tuerca de sombrerete baja | 6253.2 | Vaciado de fondo para el | |
| Tuerca de mariposa | 6261 | rectificado | 1315 |
| Tuerca exagonal | 6251.0 | Válvula | 6558 |
| Tuerca exagonal delgada | 6251.2 | Válvula by-pass | 6561 |
| Tuerca exagonal con autoseguro | 6253.3 | Válvula de retención | 6559 |
| Tuerca exagonal normal | 6251.1 | Válvula de sobre-presión | 6560 |
| Tuerca moleteada | 6260.0 | Varilla de nivel de aceite | 6519 |
| Tuerca moleteada alta | 6260.1 | Varilla roscada con chaflán | 6226 |
| Tuerca moleteada baja | 6260.2 | Varilla roscada con chaflán | |
| Tuerca para tubería | 6252 | cóncavo | 6228 |
| Tuerca ranurada | 6259 | Varilla roscada con tetón | 6227 |
| | | Vehículos | 6642 |
| | | Velocidad de entrada | 6032 |
| Unión | 6547 | Velocidad de salida | 6033 |
| Unión de reducción* | 6550 | Velocidad tangencial | 6035 |
| Unión de vaciado* | 6556 | Ventilador | 6570 |
| Unión doble hembra | 6551 | Ventiladores | 6617 |
| Unión doble macho | 6549 | Vertical | 6123.2 |
| Unión doble macho de reducción | 6550 | Vértice del cono primitivo | 3112 |
| Unión en T | 6554 | Visor de nivel de aceite | 6520 |
| Unión escuadra doble macho | 6553 | Vista | 6010 |
| Unión escuadra doble macho | 6552 | Volante | 6348 |
| Unión libre* | 6555 | Volcadores de vagones | 6605 |

# Préface

Les associations professionnelles des constructeurs européens d'engrenages et d'éléments de transmission ont fondé en 1967 un Comité dénommé. «Comité Européen des Associations de Constructeurs d'Engrenages et d'Eléments de Transmission», dit EUROTRANS.

Ce Comité a pour but:

a) d'étudier les problèmes économiques et techniques communs à leur profession;
b) de défendre leurs intérêts communautaires à l'égard des organisations internationales;
c) de promouvoir la profession sur le plan international.

Le Comité constitue une association de fait, sans personnalité juridique ni but lucratif.

Les associations membres d'EUROTRANS:

Fachgemeinschaft Antriebstechnik im VDMA
Lyoner Straße 18, D-6000 Frankfurt/Main 71,

Servicio Tecnico Comercial de Constructores de Bienes de Equipo (SERCOBE) – Grupo de Transmision Mecanica
Jorge Juan, 47, E-Madrid-1,

SYNECOT – Syndicat National des Fabricants d'Engrenages et Constructeurs d'Organes de Transmission
9, rue des Celtes, F-95100 Argenteuil,

FABRIMETAL – groupe 11/1 Section «Engrenages, appareils et organes de transmission»
21 rue des Drapiers, B-1050 Bruxelles,

BGMA – British Gear Manufacturers Association
P.O. Box 121, GB-Sheffield S 1 3 AF,

ASSIOT – Associazione Italiana Costruttori Organi di Trasmissione e Ingranaggi
Via Cadamosto 2, I-20129 Milano,

FME – Federatie Metaal-en Elektrotechnische Industrie
Postbus 190, NL-2700 AD Zoetermeer,

Sveriges Mekanförbund
Storgatan 19, S-11485 Stockholm,

Suomen Metalliteollisuuden Keskusliitto, Voimansiirtoryhmä
Eteläranta 10, SF-00130 Helsinki 13.

F

EUROTRANS est heureux de présenter avec cette publication le second dictionnaire d'un ouvrage en cinq volumes et huit langues, consacré aux termes d'engrenages et d'éléments de transmission.

Ce dictionnaire a été élaboré par un groupe de travail d'EUROTRANS en collaboration avec des ingénieurs et traducteurs d'Allemagne, d'Espagne, de France, d'Angleterre, d'Italie, des Pays-Bas, de Belgique, de Suède et de Finlande. Il contribuera à faciliter l'échange réciproque d'informations et permettra aux hommes de métier appelés à des tâches semblables dans leurs pays respectifs de mieux se comprendre, donc de mieux se connaître.

**F**

# Introduction

Le présent ouvrage est composé de la manière suivante:

Huit tableaux alphabétiques complétés des synonymes dans les langues suivan-
tes: allemande, espagnole, française, anglaise, néerlandaise, italienne, suédoise
et finnoise.

Les dessins du glossaire précédent les termes normalisés dans les huit langues.
Le numéro de code de chaque ensemble est inscrit en tête de la rubrique.

Connaissant un terme dans l'une des langues du glossaire, il suffit de consulter
l'index de la langue de ce terme, de relever le numéro inscrit à la suite et de
rechercher la ligne correspondante du tableau synoptique afin d'y trouver le
dessin et le terme traduit dans les autres langues différentes.

Il arrive parfois que le terme cherché soit marqué d'un astérisque; cela signifie
qu'il s'agit d'un synonyme.

Exemple: «Boîte de vitesses»

Dans l'index ce terme est marqué du numéro 5047 sous lequel on trouve dans le
glossaire le dessin et le terme standardisé traduit en

| | |
|---|---|
| allemand | – Schaltgetriebe |
| espagnol | – Caja de velocidades |
| français | – Boîte de vitesses |
| anglais | – Speed change gear unit |
| italien | – Cambio di velocità |
| néerlandaise | – Schakeltandwielkast |
| suédois | – Omläggbar växel |
| finnois | – Monivälityksinen hammasvaihde |

Les termes numerotés de 1111 à 4414 se trouvent dans volume 1 «Engrenages».

F

# Tableaux alphabétiques complétés des synonymes

Synonymes = *

F

| | |
|---|---|
| Agitateur | 6601 |
| Air réfrigérant | 6569.1 |
| Alignement | 6127 |
| Ambiance de fonctionnement | 6054.0 |
| Ambiance de fonctionnement humide | 6054.2 |
| Ambiance de fonctionnement marine | 6054.5 |
| Ambiance de fonctionnement poussiéreuse | 6054.3 |
| Ambiance de fonctionnement sèche | 6054.1 |
| Ambiance de fonctionnement tropicale | 6054.4 |
| Angle des axes | 1118 |
| Angle de conduite apparent | 2235 |
| Angle de creux | 3145 |
| Angle d'hélice | 1412 |
| Angle d'hélice de base | 2125 |
| Angle d'hélice primitive | 2124 |
| Angle de hauteur de dent | 3146 |
| Angle d'incidence apparent | 2141 |
| Angle d'incidence normal * | 2151 |
| Angle d'inclinaison | 1413 |
| Angle d'inclinaison de base | 2127 |
| Angle d'inclinaison primitive | 2126 |
| Angle de largeur | 4327.1 |
| Angle de largeur effective | 4327 |
| Angle nominal d'outil | 2194 |
| Angle de pied | 3125.1 |
| Angle de pression apparent | 2142 |
| Angle de pression nominal * | 2194 |
| Angle de pression normal * | 2152 |
| Angle de pression réel | 2152 |
| Angle primitif de fonctionnement | 3122 |
| Angle primitif de référence | 3121 |
| Angle de recouvrement | 2236 |
| Angle de saillie | 3143 |
| Angle de spirale | 3176 |
| Angle de spirale extérieur | 3176.1 |
| Angle de spirale moyen | 3176.2 |
| Angle de tête | 3125 |
| Angle de tête d'outil | 3191 |
| Angle de tête d'outil * | 3173 |
| Angle total de conduite | 2234 |
| Angulaire | 6128.1 |
| Anneaux élastiques pour alésage * | 6291 |
| Anneaux élastiques pour arbres * | 6290 |
| Anneaux de feutre | 6525 |
| Anneau de levage * | 6231 |
| Anneau de retenue circulaire | 6292 |
| Anti-dévireur | 6347 |
| Applications | 6600 |
| Arbre | 6101 |
| Arbre cannelé | 6109 |
| Arbre creux | 6108 |
| Arbre dentelé | 6113 |
| Arbre d'entrée | 6102 |
| Arbre excentrique | 6121 |
| Arbre grande vitesse | 6104 |
| Arbre intermédiaire | 6106 |
| Arbre de liaison | 6118 |
| Arbre manivelle | 6120 |
| Arbre petite vitesse | 6105 |
| Arbre à plateau | 6116 |
| Arbre plein | 6107 |
| Arbre primaire | 6102 |
| Arbre renforcé | 6117 |
| Arbre de sortie | 6103 |
| Arbre de torsion | 6115 |
| Arbre de transmission | 6624 |
| Arc de conduite apparent | 2235.1 |
| Arc de recouvrement | 2236.1 |
| Arc total de conduite | 2234.1 |
| Axe instantané | 1431 |
| Axe instantané de rotation * | 1431 |
| Axial | 6128.3 |
| Bac à graisse | 6533 |
| Bague | 6300 |
| Bague d'ajustage | 6307 |
| Bague d'arrêt | 6302 |
| Bague cannelée | 6306 |
| Bague de centrage | 6303 |
| Bague épaulée | 6305 |
| Bague de synchronisation | 5129 |
| Baladeur | 5126 |
| Boitard (b) | 6438 |
| Boîte de vitesses | 5047 |
| Boîte de vitesses à changement à l'arrêt | 5049 |
| Boîte de vitesses à changement automatique | 5052 |
| Boîte de vitesses à changement en marche | 5050 |
| Boîte de vitesses à n rapports | 5040 |

| | | | |
|---|---|---|---|
| Boîte de vitesses synchronisées | 5059 | Carter avec ailettes | 5205 |
| Boitier de direction | 5060 | Carter en alliage léger | 5204.4 |
| Bombé longitudinal | 1316 | Carter compact | 5202 |
| Bossage | 6137 | Carter déployé | 5203 |
| Bouchon | 6521 | Carter en fonte | 5204.1 |
| Bouchon à graisse * | 6533 | Carter inférieur | 5206.3 |
| Bouchon de remplissage | 6522 | Carter intermédiaire | 5206.2 |
| Bouchon de vidange | 6523 | Carter en matière plastique | 5204.5 |
| Boudineuses | 6616 | Carter avec réservoir d'huile | 5208 |
| Boulon à oeil | 6230 | Carter supérieur | 5206.1 |
| Boulon de scellement | 6238 | Carter en tôle soudée | 5204.3 |
| Boulon en T de clamage | 6207 | Cémentation | 6152 |
| Boulon à tête en T | 6206.0 | Centrage | 6130.1 |
| Boulon à tête en T, normal | 6206.1 | Cercle de base | 2175 |
| Boulon à tête en T avec carré | 6206.2 | Cercle à fond de gorge | 4318 |
| Boulon à tête en T avec ergot | | Cercle générateur du tore | 4112 |
|    double | 6206.3 | Cercle intérieur du tore | 4115 |
| Bout d'arbre | 6122 | Cercle moyen du tore | 4114 |
| Braquette (a) | 6348 | Cercle de pied | 4319 |
| Bras de réaction | 6349 | Cercle de pied de la roue conique | 3126 |
| Brasseries | 6603 | Cercle de pied | 2117.1 |
| Bride | 6340 | Cercle de pointe | 2156.2 |
| Bride d'assemblage | 6136 | Cercle primitif de fonctionnement | 2115.1 |
| Bride de moteur | 6341 | Cercle primitif de référence | 2115 |
| Briqueteries | 6608 | Cercle primitif de référence de la | |
| Broyeurs * | 6612 |    roue conique | 3123 |
| Broyeurs à marteaux | 6621 | Cercle de référence | 4317 |
| Broyeurs type rotatif | 6628 | Cercle de tête | 2117 |
| Buselure | 6318 | Cercle de tête de la roue conique | 3126 |
| Butée à aiguilles | 6413 | Chapeau de palier | 6145 |
| Butée axiale | 6403 | Chargeurs mécaniques | 6639 |
| Butée axiale à patins | 6439.0 | Châssis | 1129 |
| Butée axiale à patins fixes | 6439.1 | Châssis | 6140 |
| Butée axiale à patins oscillants | 6439.2 | Chocs importants | 6050.3 |
| Butée à billes | 6409 | Chocs modérés | 6050.2 |
| Butée à billes à double effet | 6428 | Circular Pitch | 1214.4 |
| Butée à billes à simple effet | 6427 | Clapet de décharge | 6560 |
| Butée hydrodynamique * | 6441 | Clapet de retenue | 6559 |
| Butée hydrostatique * | 6442 | Clavette | 6330.0 |
| Butée à rotule à rouleaux | 6436 | Clavette parallèle | 6330.1 |
| Butée à rouleaux | 6411 | Clavette inclinée | 6330.2 |
| Butée à rouleaux cylindriques | 6429 | Clavette articulée * | 6335 |
| By pass | 6561 | Clavette arrêtée * | 6336 |
| | | Clavette demi-lune | 6334 |
| | | Clavette disque * | 6334 |
| Cage à pignon | 5054 | Clavette étagée | 6331 |
| Cage à pignon duo | 5055 | Clavette réglable | 6335 |
| Cage à pignon trio | 5056 | Clavette à talon | 6333 |
| Canne de chauffage | 6573 | Clavette tangentielle | 6332 |
| Cannelures coniques | 6112 | Clavette à visser | 6336 |
| Cannelures en développante | 6111 | Clavette woodruff * | 6334 |
| Cannelures droites | 6110 | Cloison | 5210 |
| Caractéristiques | 6000 | Coaxial | 6125.1 |
| Carbonitruration | 6154 | Coefficient de modification | |
| Carter | 5201 |    d'entraxe | 2256 |
| Carter en acier moulé | 5204.2 | Collecteur d'huile | 6532 |

F

F

F

**F**

| | |
|---|---|
| Pas apparent | 2143 |
| Pas de base normal * | 2178.1 |
| Pas de base réel | 2178.1 |
| Pas hélicoïdal | 1414 |
| Pas hélicoïdal | 4222 |
| Pas nominal d'outil | 2195 |
| Pas normal * | 2153 |
| Pas réel | 2153 |
| Pas de référence | 4325 |
| Période d'approche * | 2243 |
| Période de retraite * | 2244 |
| Pièce de rechange | 6012 |
| Pied de centrage * | 6317 |
| Pignon | 1122 |
| Pignon en acier allié | 5114 |
| Pignon en acier ou fonte moulé | 5111 |
| Pignon en acier forgé ou estampé | 5112 |
| Pignon en acier laminé | 5113 |
| Pignon arbré | 5101 |
| Pignon arbré à denture double hélicoïdale | 5104 |
| Pignon arbré à denture droite | 5102 |
| Pignon arbré à denture hélicoïdale | 5103 |
| Pignon de chaîne | 1331.1 |
| Pignon conique arbré | 5105 |
| Pignon conique arbré à denture droite | 5106 |
| Pignon conique arbré à denture spirale | 5107 |
| Pignon étagé | 5110 |
| Pignon hypoïde | 1330 |
| Plan d'action | 2241 |
| Plan d'engrènement * | 2241 |
| Plan de joint | 6135 |
| Plan médian | 4311 |
| Plan médian du tore | 4113 |
| Plan méridien du tore * | 4113 |
| Plan de pose | 6139 |
| Plan de référence | 2184 |
| Plaque d'instructions | 6056 |
| Plaque signalétique | 6011 |
| Plaque de retenue de graisse | 6541 |
| Plaquette oblique | 6272.0 |
| Plaquette oblique pour profilé en U | 6272.1 |
| Plaquette oblique pour profilé en I | 6272.2 |
| Poids | 6040 |
| Point de contact | 2231.1 |
| Point primitif | 2233 |
| Pompes | 6634 |
| Pompe centrifuge | 6536 |
| Pompe à engrenages | 6539 |
| Pompe à huile | 6535 |
| Pompe à palettes | 6538 |
| Pompe à piston | 6537 |
| Pont différentiel | 5059 |

| | |
|---|---|
| Pont moteur | 5057 |
| Porte de visite | 6149 |
| Pousseurs de lingots | 6638 |
| Presse étoupe | 6526 |
| Presses à imprimer | 6633 |
| Pressostat | 6565 |
| Profil apparent | 3118 |
| Profil apparent | 1234 |
| Profil axial | 1236 |
| Profil axial | 4221 |
| Profil bombé | 1314.2 |
| Profil de dent | 1233 |
| Profil de flanc | 1233.1 |
| Profil normal * | 1235 |
| Profil réel | 1235 |
| Profondeur de creux * | 2133 |
| Protection | 6132 |
| Puissance | 6016 |
| Puissance absorbée | 6020 |
| Puissance moteur | 6017 |
| Puissance nominale sur l'arbre d'entrée | 6018 |
| Puissance nominale sur l'arbre de sortie | 6019 |
| Puissance thermique | 6021 |
| Quantité d'huile | 6517 |
| Quatre temps | 6046.2 |
| Quotient diamétral | 4226 |
| Raccord | 6547 |
| Raccord coudé | 6553 |
| Raccord droit | 6551 |
| Raccord équerre | 6552 |
| Raccord de réduction | 6550 |
| Raccord en T | 6554 |
| Raccord tournant | 6555 |
| Racleur d'huile | 6508 |
| Radial | 6128.2 |
| Rainure de clavette | 6337 |
| Rampe de lubrification | 6511 |
| Rapport de conduite | 2230 |
| Rapport de conduite apparent | 2238 |
| Rapport d'engrenage | 1131 |
| Rapport de multiplication | 6029 |
| Rapport de réduction | 6027 |
| Rapport de recouvrement | 2239 |
| Rapport de transmission | 6026 |
| Rapport de transmission | 1132 |
| Rapport de transmission | 4411 |
| Rapport de transmission égal à un | 6028 |
| Rapport de transmission multiple | 6030 |
| Rapport total de conduite | 2237 |

F

F

F

F

# Preface

The European professional Association of gear and transmission element manufacturers have in 1967 founded a committee named "The European Committee of Associations of Gear and Transmission Element Manufacturers" designated EUROTRANS. The objectives of this committee are:

a) The study of economic and technical problems common to the profession;
b) to represent their common interests in negotiations with international organisations;
c) to promote the profession at international level.

The Committee constitutes an association with neither legal standing nor economic goal.


The member associations of EUROTRANS are:

Fachgemeinschaft Antriebstechnik im VDMA
Lyoner Straße 18, D-6000 Frankfurt/Main 71,

Servicio Tecnico Comercial de Constructores de Bienes de Equipo (SERCOBE) – Grupo de Transmision Mecanica
Jorge Juan, 47, E-Madrid-1,

SYNECOT – Syndicat National des Fabricants d'Engrenages et Constructeurs d'Organes de Transmission
9, rue des Celtes, F-95100 Argenteuil,

FABRIMETAL – groupe 11/1 Section „Engrenages, appareils et organes de transmission"
21 rue des Drapiers, B-1050 Bruxelles,

BGMA – British Gear Manufacturers Association
P.O. Box 121, GB-Sheffield S 1 3 AF,

ASSIOT – Associazione Italiana Costruttori Organi di Trasmissione e Ingranaggi
Via Cadamosto 2, I-20129 Milano,

FME – Federatie Metaal-en Elektrotechnische Industrie
Postbus 190, NL-2700 AD Zoetermeer,

Sveriges Mekanförbund
Storgatan 19, S-11485 Stockholm,

Suomen Metalliteollisuuden Keskusliitto, Voimansiirtoryhmä
Eteläranta 10, SF-00130 Helsinki 13.

GB

EUROTRANS with this publication is, pleased to present the second volume of a set of five, comprising a glossary in eight languages, of terms of gearing and transmission elements.

This glossary has been prepared by a EUROTRANS working group in collaboration with German, Spanish, French, English, Italian, Dutch, Belgian, Swedish and Finnish engineers and translators. It will facilitate reciprocal exchange of information and enable people of the profession and similar fields in their respective countries better to understand and know each other.

# Introduction

This glossary is divided into two parts:

the first part consists of alphabetical indices including synonyms in eight languages (German, Spanish, French, Italian, English, Netherlands, Swedish and Finnish).

In the glossary the drawing is followed by the standard terms of the eight different languages. The code-number is shown at the beginning of each item.

Given a term in one of the eight languages set out in the dictionary it is only necessary to consult the index in that language, in order to ascertain the number(s) shown against it, thus enabling the corresponding entry, or entries, in the general list and therefore the appropriate translation into any of the other seven languages, to be found.

The same procedure is followed for terms marked with an asterisk.

In certain cases several numbers are shown in the indices for one and the same term; this indicates that there are several possible translations, or that the word is contained in a number of expressions which modify its meaning.

Example: "Speed change gear unit"

Look for the term in the English alphabetical index. With the term will be found the No 5047.

Under No 5047 in the general list, the term in the following languages will be found:

German       − Schaltgetriebe
Spanish      − Caja de velocidades
French       − Boîte de vitesses
English      − Speed change gear unit
Italian      − Cambio di velocità
Netherlands  − Schakeltandwielkast
Schwedish    − Omläggbar växel
Finnish      − Monivälityksinen hammasvaihde

Technical terms numbered 1111 to 4414 appear in Volume 1 "Gears".

GB

# Alphabetical index
# including synonyms

Synonyms = *

| Castle nut thin | 6254.2 |
| Cast teeth | 5136 |
| Centering ring | 6303 |
| Central plane * | 4311 |
| Centre distance | 1117, 6005 |
| Centre distance modification coefficient | 2256 |
| Centre height | 6004 |
| Centre hole | 6130.1 |
| Centre hole with thread | 6130.2 |
| Centrifugal pump | 6536 |
| Chain pinion * | 1331.1 |
| Chain sprocket | 1331.1 |
| Chain wheel | 1331 |
| Change gear | 1111.2 |
| Change gear train (dog clutch) | 5125 |
| Characteristics | 6000 |
| Chased helicoid * | 4232 |
| Chordal addendum * | 2162 |
| Chordal height | 2162 |
| Circle at root of gorge | 4318 |
| Circle at root of throat * | 4318 |
| Circular backlash * | 4414 |
| Circular pitch | 1214.4 |
| Circular pitch * | 2143 |
| Circular pitch of cutter * | 2195 |
| Circular tooth thickness * | 2147 |
| Circumferential backlash | 2224, 4414 |
| Clamp ring | 6302 |
| Clarifiers | 6606 |
| Classifiers | 6607 |
| Clay working machinery | 6608 |
| Clearance * | 2223, 4413 |
| Clutch fork | 5128 |
| Clutch hub | 5127 |
| Clutch ring | 5126 |
| Co-axial gear unit | 5018 |
| Combined gear unit | 5015 |
| Compact gear case | 5202 |
| Components | 6100 |
| Compressors | 6609 |
| Cone distance | 3132 |
| Cone worm gearing * | 4126 |
| Conical spring washer | 6275 |
| Connecting shaft | 6118 |
| Connector | 6547 |
| Constant chord | 2163 |
| Constant chord height | 2164 |
| Contact ratio | 2230 |
| Continuous double helical teeth | 1267 |
| Continuous herringbone gear * | 1267 |
| Contracted centre distance * | 2256 |
| Contrate gear | 3172 |
| Control lever | 6343 |
| Conveyors | 6610 |
| Cooler | 6569.0 |

| Cooler air * | 6569.1 |
| Cooler oil | 6569.3 |
| Cooler water * | 6569.2 |
| Cooling coil | 6571 |
| Cooling fan | 6570 |
| Corrected gear * | 2189 |
| Corrected gear pair * | 2252 |
| Corresponding flanks | 1243 |
| Counter nut * | 6264 |
| Counter part rack | 2183 |
| Countersunk head bolt with slot (for steel structures) | 6623 |
| Cover | 6142 |
| Cranes | 6611 |
| Crankshaft | 6120 |
| Crowned teeth * | 1316 |
| Crossed helical gear pair | 2215 |
| Cross recessed countersunk (flat) head screw | 6216 |
| Cross recessed countersunk (oval) head screw | 6215 |
| Cross recessed raised cheese head screw | 6217 |
| Crown circle * | 3126 |
| Crowning | 1316 |
| Crown to back * | 3135 |
| Crown wheel | 3171 |
| Crushers | 6612 |
| Cut teeth | 5130 |
| Cutter interference | 1313 |
| Cutter nominal pitch | 2195 |
| Cutter nominal pressure angle | 2194 |
| Cutter tip angle | 3191 |
| Cylindrical gear | 1321, 5062 |
| Cylindrical gear pair | 1323 |
| Cylindrical gear unit | 5020 |
| Cylindrical involute gear | 2174 |
| Cylindrical lantern gear | 2173 |
| Cylindrical worm | 1325.1 |
| Cylindrical worm gear pair | 4123 |
| Cycloid | 1415 |
| Cycloidal gear | 2172 |
| Cycloidal gear pair | 2172.1 |
| Cylindrical dowel | 6312 |
| Cylindrical roller thrust bearing | 6429 |
| | |
| Datum circle * | 4317 |
| Datum cylinder * | 4212 |
| Datum dia * | 4324 |
| Datum diameter | 4213 |
| Datum line | 2185 |
| Datum plane | 2184 |
| Datum toroid * | 4312 |
| Dedendum | 2133, 3144, 4229 |
| Dedendum * | 4344 |

60

Foot mounted gear motor 5042
Foot mounted gear unit 5006
Forced lubrication 6509
Forged teeth 5135
Form milled teeth 5134
Front cone * 3116
Foundation 6131
Four point contact bearing 6418
Freewheel 6346
Freeze fit 6119.1

Gasket 6531.0
Gasket liquid * 6531.4
Gasket paper * 6531.1
Gasket plastic * 6531.2
Gasket rubber * 6531.3
Gear 1111
Gear * 1123
Gear box * 5001
Gearcase 5201
Gearcase bottom section (c) 5206.3
Gearcase in plastic material 5204.5
Gearcase middle section 5206.2
Gearcase reinforcing rib 5211
Gearcase upper section 5206.1
Gearcase with sump 5208
Gear cutting tool 2190
Gearmotor 5040
Gear pair 1112
Gear pair at extended centres 2255
Gear pair at reduced centres 2255.1
Gear pair at reference centre
    distance 2254
Gear pair at standard centre
    distance * 2254
Gear pair with intersecting axes 1115
Gear pair with non-parallel
    non-intersecting axes 1116
Gear pair with parallel axes * 1114
Gear pump 6539
Gear ratio 1131
Gear rim 1123.1
Gear rim (b) 5120
Gear rim with external teeth 5121
Gear rim with external and
    internal teeth 5123
Gear rim with internal teeth 5122
Gear set at standard centre
    distance * 2254
Gear with long addendum or
    short addendum teeth * 2189
Gear teeth 1210
Gear unit 5001
Gear unit assemblies 5000
Gear unit of modular construction 5031
Gear unit with bottom flange 5007

Gear unit with parallel shafts 5017
Gear unit with ratio i = 1 5069
(Gear)wheel 1123
Generant of toroid 4112
Generated pitch circle * 2115
Generated pitch diameter * 2116
Generating gear 1311
Generating pressure angle * 2194
Generating rack * 2183
Generating tool 2190.1
Generators 6620
Gib head key 6333
Globoid worm * 1325.2
Globoid worm 4124
Globoid worm gear pair * 4126
Gorge * 4315
Gorge diameter * 4322
Gorge radius * 4328
Grease 6503.0
Grease mineral * 6503.1
Grease nipple 6534
Grease retaining plate 6541
Grease stuffing box 6533
Grease synthetic * 6503.2
Grinding relief 1315
Grooved bush 6320
Grooved dowel pin 6314
Guard 6132

Half case 5207
Half ring 6304
Half round key * 6334
Hammer mills 6621
Hand of thread (or helix) 1413.1
Heat exchanger * 6569.0
Heating coil 6572
Heat treatment 6150
Heavy shock 6050.3
Helical gear 1263
Helical gear pair * 1323
Helical parallel gear pair 2214
Helical spur gear * 1263
Helix 1411
Helix angle 1412
Helix on datum cylinder * 4214
Herringbone gear * 1266
Hexagon headed bolt with reduced
    shank 6203
Hexagon headed fitted bolt 6204
Hexagon headed screw 6202.0
Hexagon headed screw normal 6202.1
Hexagon headed screw with full
    dog point 6202.2
Hexagon headed screw with half
    dog point and cone end 6202.3
Hexagon nut 6251.0

GB

| Left hand teeth | 1265 |
| Length of action * | 2242 |
| Length of approach * | 2245 |
| Length of approach path | 2245 |
| Length of path of contact | 2242 |
| Length of recess * | 2245 |
| Length of recess path | 2246 |
| Life | 6053 |
| Lifting devices | 6643 |
| Light alloy gear case | 5204.4 |
| Line of action | 2231 |
| Line of centres | 2221 |
| Line shafts | 6624 |
| Lip seal | 6527 |
| Liquid gasket | 6531.4 |
| Load classification | 6050.0 |
| Load classification heavy shock | 6050.3 |
| Load classification moderate shock | 6050.2 |
| Load classification uniform | 6050.1 |
| Locating bearing | 6434 |
| Locating distance (of bevel gear) * | 3134 |
| Locating dowel | 6317 |
| Locating face (of bevel gear) | 3133 |
| Locating pin * | 6317 |
| Lock nut | 6264 |
| Long addendum or short addendum teeth * | 2186 |
| Low speed shaft (L.S.S.) | 6105 |
| Lubricant | 6501 |
| Lubrication | 6500 |
| Lubrication by pick-up ring | 6505 |
| Lubricating wheel | 6507 |
| Lumber industry | 6625 |
| | |
| Machine tools | 6626 |
| Magnetic oil filter | 6515.2 |
| Magneto type ball bearing | 6431 |
| Main cover | 6143 |
| Main gear reducer (B) | 5038 |
| Mass | 6039 |
| Master gear | 1111.1 |
| Mating flanks | 1241 |
| Mating gear | 1121 |
| Mean cone distance * | 3132.2 |
| Mechanical stokers | 6639 |
| Metal mills | 6627 |
| Middle circle (of toroid) | 4114 |
| Middle cone | 3116.1 |
| Middle cone distance | 3132.2 |
| Mid-face spiral angle | 3176.2 |
| Mid-plane (of toroid) | 4113 |
| Mid-plane (of wormshaft) | 4311 |
| Milled helicoid flank | 4233 |
| Mills rotary type | 6628 |
| Mineral grease | 6503.1 |

| Mineral oil | 6502.1 |
| Misalignment | 6128.0 |
| Misalignment angular | 6128.1 |
| Misalignment axial | 6128.3 |
| Misalignment radial | 6128.2 |
| Mixers | 6629 |
| Moderate shock | 6050.2 |
| Modified gear pair * | 2252 |
| Module | 1214 |
| Motor flange | 6341 |
| Motor gear unit | 5041 |
| Motor power | 6017 |
| Motor slide rail | 6133 |
| Mounting distance * | 3134 |
| Mounting face | 6139 |
| Mounting method | 6119.0 |
| Mounting method freeze fit | 6119.1 |
| Mounting method oil injection fit | 6119.3 |
| Mounting method shrink fit | 6119.2 |
| Multiple speed ratio | 6030 |
| | |
| n-inputs gear unit | 5012 |
| n-outputs gear unit | 5014 |
| n-speeds gear unit | 5048 |
| n-stage gear unit | 5004 |
| Name plate | 6011 |
| Needle roller bearing | 6407 |
| Nipple | 6548 |
| Nitriding | 6153 |
| Nominal input power | 6018 |
| Nominal input torque | 6023 |
| Nominal output power | 6019 |
| Nominal output torque | 6024 |
| Non-return valve | 6559 |
| Non working flank (s) | 1236 |
| Normal backlash | 2225 |
| Normal base pitch | 2178.1 |
| Normal base thickness | 2179.1 |
| Normal chordal addendum * | 2162 |
| Normal chordal tooth thickness | 2161 |
| Normal circular pitch * | 2153 |
| Normal circular tooth thickness * | 2156 |
| Normal crest width | 2156.1 |
| Normal diametral pitch | 2155 |
| Normal module | 2154 |
| Normal pitch | 2153 |
| Normal pressure angle | 2152 |
| Normal pressure angle (at a point) | 2151 |
| Normal profile | 1235 |
| Normal space width | 2157 |
| Normal tip thickness * | 2156.1 |
| Normal tip width * | 2156.1 |
| Normal tooth thickness | 2156 |
| Normal top land * | 2156.1 |
| Number of starts per hour | 6051 |

GB

GB

GB

GB

GB

GB

# Prefazione

Le Associazioni professionali dei costruttori europei d'ingranaggi e di organi di trasmissione hanno fondato nel 1967 un Comitato denominato: "Comitato Europeo delle Associazioni dei Costruttori di Ingranaggi e di Organi di Trasmissione", chiamato EUROTRANS.

Questo Comitato ha come obbiettivo:

a) di studiare i problemi economici e tecnici comuni alla categoria
b) di difendere gli interessi comunitari nell'ambito delle organizzazioni internazionali
c) di svolgere un'azione promozionale, per la categoria, su un piano internazionale

Il Comitato costituisce un'Associazione di fatto, senza personalità giuridica nè fine lucrativo.

Sono Membri dell'EUROTRANS le Associazioni:

Fachgemeinschaft Antriebstechnik im VDMA
Lyoner Straße 18, D-6000 Frankfurt/Main 71,

Servicio Tecnico Comercial de Constructores de Bienes de Equipo (SERCOBE) – Grupo de Transmision Mecanica
Jorge Juan, 47, E-Madrid-1,

SYNECOT – Syndicat National des Fabricants d'Engrenages et Constructeurs d'Organes de Transmission
9, rue des Celtes, F-95100 Argenteuil,

FABRIMETAL – groupe 11/1 Section „Engrenages, appareils et organes de transmission"
21 rue des Drapiers, B-1050 Bruxelles,

BGMA – British Gear Manufacturers Association
P.O. Box 121, GB-Sheffield S 1 3 AF,

ASSIOT – Associazione Italiana Costruttori Organi di Trasmissione e Ingranaggi
Via Cadamosto 2, I-20129 Milano,

FME – Federatie Metaal-en Elektrotechnische Industrie
Postbus 190, NL-2700 AD Zoetermeer,

Sveriges Mekanförbund
Storgatan 19, S-11485 Stockholm,

Suomen Metalliteollisuuden Keskusliitto, Voimansiirtoryhmä
Eteläranta 10, SF-00130 Helsinki 13.

L'EUROTRANS è felice di presentare, con questa pubblicazione, il secondo dizionario di una serie di 5 volumi comprendente i termini relativi agli ingranaggi ed agli organi delle trasmissioni, tradotti in otto lingue.

Questo dizionario è stato elaborato da un gruppo di lavoro dell'EUROTRANS in collaborazione con i tecnici ed i traduttori della Germania, della Spagna, della Francia, dell'Inghilterra, dell'Italia, dei Paesi Bassi, del Belgio, della Svezia, della Finlandia. Esso contribuirà a facilitare lo scambio reciproco d'informazioni e permetterà ai tecnici di questo settore, chiamati a compiti simili nei loro rispettivi paesi di comprendersi meglio e quindi di conoscersi tra loro.

# Introduzione

Il presente lavoro si compone di:

otto tabelle in ordine alfabetico completate dai sinonimi nelle seguenti lingue:
tedesco – spagnolo – francese – inglese – italiano – olandese – svedese – finlandese.

Nel glossario il disegno è seguito dai termini normalizzati in otto diverse lingue.
Il numero è indicato all' inizio di ogni rubrica.

Dato un termine in una delle lingue del Glossario, è sufficiente consultare l'indice
nella lingua di questo termine, rilevare il numero scritto a fianco di detto termine
e cercare la linea corrispondente nel quadro sinottico al fine di trovare il disegno
ed i termini tradotti nelle differenti lingue.

Può accadere in alcuni casi che il termine cercato sia contraddistinto da un
asterisco, ciò significa che si tratta di un sinonimo.

Esempio: "Cambio di velocità".

Nell'indice questo termine è contraddistinto dal numero 5047 a fianco del quale si
troverà nel Glossario il disegno e il termine tradotto in:

Tedesco       – Schaltgetriebe
Spagnolo      – Caja de velocidades
Francese      – Boîte de vitesses
Inglese       – Speed change gear unit
Italiano      – Cambio di velocità
Olandese      – Schakeltandwielkast
Svedese       – Omläggbar växel
Finlandese    – Monivälityksinen hammasvaihde

I termini tecnici numerati da 1111 a 4414 si trovano nel volume 1 "Ingranaggi".

# Indice alfabetico compresi
# i sinonimi

Sinonimi = *

I

I

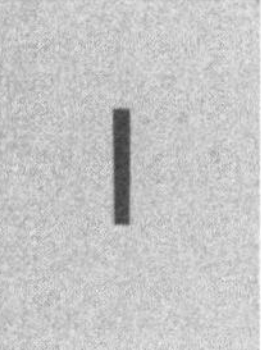

I

I

I

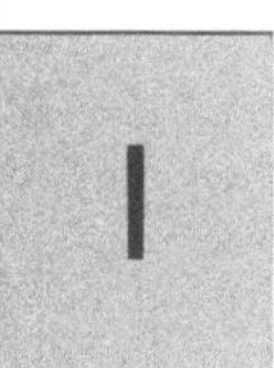
I

# Voorwoord

De Beroepsvereinigingen van Europese fabrikanten van tandwielen en transmissie-organen hebben in 1967 een Komitee opgericht genaamd "Europees Komitee van Verenigingen van Fabrikanten van Tandwielen en Transmissie-organen", in 't kort "EUROTRANS".

Dit Komitee heeft tot doel:

a)  de gemeenschappelijke technico-commerciële vakproblemen te bestuderen;
b)  de gemeenschappelijke belangen bij internationale organizaties te behartigen;
c)  het specifieke vak op internationaal vlak te bevorderen.

Het Komitee is een feitelijke vereniging, zonder rechtspersoonlijkheid noch winstoogmerk.

Volgende verenigingen zijn lid van EUROTRANS:

Fachgemeinschaft Antriebstechnik im VDMA
Lyoner Straße 18, D-6000 Frankfurt/Main 71,

Servicio Tecnico Comercial de Constructores de Bienes de Equipo (SERCOBE) –
Grupo de Transmision Mecanica
Jorge Juan, 47, E-Madrid-1,

SYNECOT – Syndicat National des Fabricants d'Engrenages et Constructeurs
d'Organes de Transmission
9, rue des Celtes, F-95100 Argenteuil,

FABRIMETAL – groep 11/1 "Tandwielen, transmissie-organen"
Lakenweversstraat 21, B-1050 Brussel,

BGMA – British Gear Manufacturers Association
P.O. Box 121, GB-Sheffield S1 3AF,

ASSIOT – Associazione Italiana Costruttori Organi di Trasmissione e Ingranaggi
Via Cadamosto 2, I-20129 Milano,

FME – Federatie Metaal-en Elektrotechnische Industrie
Postbus 190, NL-2700 AD Zoetermeer,

Sveriges Mekanförbund
Storgatan 19, S-11485 Stockholm,

Suomen Metalliteollisuuden Keskusliitto, Voimansiirtoryhmä
Eteläranta 10, SF-00130 Helsinki 13.

Het verheugt EUROTRANS met deze publikatie een twede deel van een vijfdelig glossarium in acht talen (Duits, Spaans, Frans, Engels, Italiaans, Nederlands, Zweeds en Fins) i.v.m. de terminologie over tandwielen, tandwielkasten en transmissie-organen ter beschikking te kunnen stellen.

Het tweede deel van dit glossarium werd samengesteld door een werkgroep van EUROTRANS, met de medewerking van ingenieurs en vertalers uit Duitsland, Spanje, Frankrijk, Groot-Brittannië, Italië, Nederland, België, Zweden en Finland. Het zal ertoe bijdragen de uitwisseling van informatie te vergemakkelijken, en zal de vaklui, die zich met gelijkaardige taken in hun respektieve landen bezighouden, helpen elkaar beter te verstaan en beter te leren kennen.

# Inleiding

Het onderhaving dokument bestaat uit:

acht alfabetische ééntalige trefwoordenlijsten aangevuld met synoniemen in het Duits, Spaans, Frans, Engels, Italiaans, Nederlands, Zweeds en Fins.

In elk vak bevinden zich, naast de tekening, de termen in deze acht talen. Elk vak begint met een rangnummer.

Wanneer men een term kent in één van de talen van het glossarium, kan men volstaan met de trefwoordenlijst te raadplegen in de betreffende taal en het nummer te noteren dat ernaast vermeld staat. Aan de hand van dit nummer zoekt men de overeenkomstige lijn in de synoptische tabel en zo vindt men de tekening en het ekwivalent van de term in de verschillende talen.

Men gaat op dezelfde wijze te werk bij synoniemen die met een asterisk aangeduid zijn. Indien bij een bepaald woord meer dan één nummer staat, dan kieze men het ekwivalent dat in het zinsverband past.

Voorbeeld: "Schakeltandwielkast"

Zoek deze term in de Nederlandse trefwoordenlijst. U vindt het nummer 5047.

Zoek dit nummer in het glossarium: na de desbetreffende tekening vindt U als ekwivalent:

| | |
|---|---|
| Duits | – Schaltgetriebe |
| Spaans | – Caja de velocidades |
| Frans | – Boîte de vitesses |
| Engels | – Spced change gear unit |
| Italiaans | – Cambio di velocità |
| Nederlands | – Schakeltandwielkast |
| Zweeds | – Omläggbar växel |
| Fins | – Monivälityksinen hammasvaihde |

De trefwoorden met nummers 1111 tot 4414 ziju opgenomen in Deel 1 "Tandwielen".

# Trefwoordenlijst aangevuld met synoniemen

Synoniemen = *

NL

| | | | | |
|---|---|---|---|---|
| Dompelsmering | 6504 | Enkel axiaal kogellager | | 6427 |
| Doorgangskotiënt* | 2237 | Enkelvoudig tandwielstel | | 1112 |
| Doorsnede | 6009 | Epicyclische tandwielkast* | | 5019 |
| Dop | 6521 | Epicycloïdale overbrenging* | | 1119 |
| Dopmoer | 6253.0 | Epicycloïde | | 1416 |
| Dopmoer, hoog | 6253.1 | Evenwijdig tandwielstel* | | 1114 |
| Dopmoer, laag | 6253.2 | Evolvent cilindrisch tandwiel | | 2174 |
| Dopmoer, zelfborgend | 6253.3 | Evolvente* | 1418, | 2213 |
| Dopmoer met nylonring* | 6253.3 | Evolvente funktie | | 1418.1 |
| Dozenvulmachines* | 6604 | Evolvente groeven | | 6111 |
| Draad* | 4211 | Evolvente schroefvlak | | 1421 |
| Draadstang | 6234 | Excentrische as | | 6121 |
| Draairichting | 6126.0 | | | |
| Draairichting, links | 6126.2 | | | |
| Draairichting, rechts | 6126.1 | Fabrikagenummer | | 6038 |
| Draaizin* | 6126.0 | Fabrikage-ondersnijding | | 1313 |
| Draainzin, tegenuurwijzerzin | 6126.2 | Flanklijn | | 1232 |
| Draaizin, uurwijzerzin | 6126.1 | Flankprofiel | | 1233 |
| Dragende flanken | 1245 | Flankvorm A (type ZA) | | 4231 |
| Drijvend wiel | 1124 | Flankvorm I (type ZI) | | 4234 |
| Drijver* | 1124 | Flankvorm K (type ZK) | | 4233 |
| Droogdok-kranen | 6614 | Flankvorm N (type ZN) | | 4232 |
| Druklager* | 5403 | Flankvorm van Archimedesvorm* | | 4231 |
| Drukpersen | 6634 | Flens | | 6340 |
| Drukregelaar* | 6566 | Flens-as | | 6116 |
| Drukschakelaar | 6565 | Flensbus | | 6319 |
| Drukverlager | 6566 | Flensdeksel | | 6144 |
| Dubbel axiaal kogellager | 6428 | Flexibele buis | | 6543 |
| Dubbele nippel | 6549 | Fundatie | | 6131 |
| Dubbele schroefvertanding | 1266 | | | |
| Dubbel helicoïdale vertanding* | 1266 | Gang | | 4211 |
| Dubbel kegellager | 6426 | Gangrichting | | 1413.1 |
| Dubbel tapeind | 6237 | Gedeelde ring | | 6304 |
| | | Gedeelde tandkrans* | | 5124 |
| | | Gedeeld ringwiel | | 5124 |
| Eénrijig cilinderlager | 6419 | Gedreven machine* | | 6049 |
| Eénrijig cilindrisch rollager* | 6419 | Gedreven wiel | | 1125 |
| Eénrijig diepgroefkogellager* | 6414 | Gegroefde as | | 6109 |
| Eénrijig hoekkontaktkogellager | 6416 | Gegroefde bus | | 6320 |
| Eénrijig radiaal axiaal | | Gegroefde pen | | 6314 |
| kogellager* | 6416 | Gekartelde as | | 6113 |
| Eénrijig radiaal kogellager | 6414 | Gekartelde cilindermoer | | 6260.0 |
| Eénrijig tonlager* | 6423 | Gekartelde cilindermoer, hoog | | 6260.1 |
| Eén-traps tandwielkast | 5002 | Gekartelde cilindermoer, laag | | 6260.2 |
| Effektief vermogen | 6020 | Gekombineerde tandwielkast | | 5015 |
| Effektieve breedtehoek | 4327 | Gelapte vertanding | | 5140 |
| Effektieve | | Gelast stalen huis | | 5204.3 |
| tandbreedte | 2119.1, 3131.1, 4326 | Gelast stalen tandwiel | | 5115 |
| Eindwelving | 1317 | Gelegeerd stalen tandwiel | | |
| Ekwivalent cilindrisch tandwiel | 3119 | (of rondsel) | | 5114 |
| Elboog | 6553 | Gelijkmatige belasting | | 6050.1 |
| Elektromotor | 6045.0 | Gelijkstroom-motor | | 6045.2 |
| Elektromotor, gelijkstroom* | 6045.2 | Gelobd radial glijlager | | 6440.2 |
| Elektromotor, wisselstroom* | 6045.1 | Gemeenschappelijke | | |
| Elevatoren | 6615 | tandhoogte* | 2222, | 4412 |
| Elliptische tandwielen | 1259 | Gemiddelde kegellengte | | 3132.2 |

NL

| Kast met horizontaal opgestelde assen | 5009 |
| --- | --- |

Kast met horizontaal opgestelde
assen 5009
Kast met vertikaal opgestelde
assen 5010
Keelcirkel 4318
Keelcirkeldiameter* 4322
Keelcirkelmiddellijn 4322
Keelcirkel van de groef 4318
Keelradius 4328
Kegelgroeven 6112
Kegelkopklinknagel* 6339
Kegellager 6425
Kegelpen 6313
Kegelrondselas 5105
Kegelrondselas met
spiraalvertanding 5107
Kegeltandwiel 1322
Kegeltandwielkast met rechte
vertanding* 5023
Kegeltandwielkast met spirale
vertanding* 5034
Kegeltandwiel met schuine
vertanding 3173
Kegeltandwiel met
spiraalvertanding 3173.1
Kegeltandwieloverbrenging 1324
Kegelwiel 1322, 5063
Kenmerken* 6000
Kenmerkenplaat 6011
Kerfpen* 6314
Kerfvertanding 6114
Kerndiameter* 4322
Kettingwiel 1331
Kipinstallaties voor wagons 6605
Klaarinstallaties 6606
Klauwkoppeling 5127
Klep 6558
Klinknagel met bolkop 6338
Klinknagel met kegelkop 6339
Knevelschroef 6230
Koeler 6569.0
Koeler, luchtkoeler* 6569.1
Koeler, oliekoeler* 6569.3
Koeler, waterkoeler* 6569.2
Koelslang 6571
Kogellager 6405
Kogeltaatslager* 6427
Kolomschroef met lenscilinderkop
en kruisgroef* 6217
Kolomschroef met lenskop en
kruisgroef* 6215
Kolomschroef met verzonken kop
en kruisgroef* 6216
Kolomschroef met zaagsnede en
vlakke top 6225
Kompakt huis 5202

Kompakte tandwielkast met
evenwijdige assen 5107.2
Komplementaire kegel 3115
Komplementair tandental 3119.1
Kompressoren 6609
Konische pen* 6313
Konische tandwieloverbrenging* 1324
Konisch rollager* 6425
Konische rondselas* 5105
Konisch tandwiel* 1322
Konisch tandwiel met rechte
vertanding* 1262
Konisch wiel* 1322
Konstante koorde 2163
Konstante koordehoogte 2164
Kontaktpunt* 2231.1
Kontroletandwiel 1111.1
Koordehoogte* 2162
Kopafstand* 3135
Kopcilinder* 2113
Kopcirkel* 2117, 3126
Kopcirkeldiameter* 2118
Kopdiameter* 3127
Kopflank 1251
Kophoek 3143
Kophoek van het gereedschap 3191
Kophoogte 2132, 3142, 4228, 4340
Kopkant* 1221.2
Kopkegel* 3114
Kopkegelhoek* 3125
Kopmanteloppervlak* 1221
Kopoppervlak* 1221.1, 4313
Koppel 6022
Koppelbegrenzer 6344
Kopspeling* 2223
Kopspie 6333
Kraag 6129
Kraagring 6305
Kranen 6611
Kroonmoer 6254.0
Kroonmoer, laag 6254.2
Kroonmoer, hoog 6254.1
Kroonwiel 3171
Kroonwiel met konstante
tandhoogte 3172
Krukas 6120
Kunststofafdichting 6531.2
Kunststofhuis 5204.5
Kunststofindustrie 6632

Labyrinthafdichting 6531
Lagerbus 6436
Lagerdeksel 6147
Lagerhuis 6438
Lagerkap 6145

NL

| Normaaldikte aan de kop | 2156.1 |
| Normaaldikte aan de voet | 2156.2 |
| Normaaldrukhoek | 2152 |
| Normaaldrukhoek in een punt* | 2151 |
| Normaalflankspeling | 2225 |
| Normaalinvalshoek | 2151 |
| Normaalkoordehoogte | 2162 |
| Normaalkuilwijdte | 2157 |
| Normaalmodulus | 2154 |
| Normaalprofiel | 1235 |
| Normaalsteek | 2153 |
| Normaaltanddikte | 2156 |
| Normaaltandkoorde | 2161 |
| Nuttige hoogte | 2222, 4412 |
| N-traps tandwielkast | 5004 |
| | |
| Octoïde-tandwiel | 3175 |
| Ogenblikkelijke as* | 1431 |
| Olie | 6502.0 |
| Oliedeflector | 6513 |
| Oliedruksmering | 6509 |
| Oliefilter | 6515.0 |
| Oliefilter, lamellenfilter* | 6515.3 |
| Oliefilter, magnetisch filter* | 6515.2 |
| Oliefilter, patroonfilter* | 6515.1 |
| Oliegroefsmering | 6506 |
| Olieinhoud | 6517 |
| Oliekoeler | 6569.3 |
| Oliepeil | 6516 |
| Oliepeilglas | 6520 |
| Oliepeilstaaf | 6519 |
| Oliepomp | 6535 |
| Oliereservoir | 6514 |
| Oliescherm | 6540 |
| Olieschraper | 6508 |
| Oliesproeier | 6512 |
| Olietype | 6518 |
| Olievanger | 6532 |
| Olieverdeler | 6511 |
| Omgevingstemperatuur | 6055.2 |
| Omhullingshoek* | 4327.1 |
| Omkeer-as* | 6106 |
| Omkeerkast* | 5053 |
| Omkeertandwielkast | 5053 |
| Omtreksbasissteek | 2178 |
| Omtreksbasistanddikte | 2179 |
| Omtreks-diametral pitch | 2146 |
| Omtreksdrukhoek | 2142 |
| Omtreksdrukhoek in één punt* | 2141 |
| Omtreksflankspeling | 2224, 4414 |
| Omtrekskuilwijdte | 2148 |
| Omtreksmodulus | 2145 |
| Omtrekstanddikte | 2147 |
| Omtreksteek | 2143 |
| Onderdelen | 6100 |

| Onderdelen (inwendig) | 5100 |
| Onderdelen (uitwendig)* | 5200 |
| Ondersnijding | 1315 |
| Onderste huissektie | 5206.3 |
| Ontluchting | 6563 |
| Ontplooid huis | 5203 |
| Ontwikkelbaar schroefoppervlakkige tandflanken* | 4234 |
| Onverliesbare zeskantbout* | 6203 |
| Oogbout | 6231 |
| Oogmoer | 6262 |
| Open veerring | 6273.0 |
| Open veerring, gegolfd | 6273.2 |
| Open veerring, met veiligheidsring | 6273.3 |
| Open veerring, normaal | 6273.1 |
| Oppervlakteharden | 6151.0 |
| Induktieharden | 6151.2 |
| Vlamharden | 6151.1 |
| Opspan T-bout | 6207 |
| Opsteekasborgring | 6293 |
| Opsteektandwielkast* | 5008, 5033 |
| O-ring | 6530 |
| Overbrengverhouding | 1132, 4411 |
| Overdrukklep | 6560 |
| Overeenkomstige flanken | 1243 |
| Overlappingsboog | 2236.1 |
| Overlappingshoek | 2236 |
| Overlappingskotiënt | 2239 |
| Overlappingslengte | 2247 |
| Overlappingsverhouding* | 2239 |
| Overloop | 6546 |
| Overstroomklep | 6561 |
| | |
| Pakkingbus | 6526 |
| Papierafdichting | 6531.1 |
| Papierfabrieken | 6631 |
| Pasbout | 6204 |
| Pasbout met zeskantkop* | 6204 |
| Patroonfilter | 6515.1 |
| Pen | 6310 |
| Pennewiel | 2173 |
| Pennewiel-overbrenging | 2173.1 |
| Petroleumindustrie | 6630 |
| Piekkoppel | 6025 |
| Planeetdrager | 1129 |
| Planeetoverbrenging | 1119 |
| Planeetstelsel* | 1119 |
| Planeetwiel | 1128, 5067 |
| Planeetwielas (uit één stuk) | 5108 |
| Planetaire tandwielkast | 5019 |
| Planetaire tandwielkast en wormoverbrenging | 5030 |
| Platverzonken schroef met zaagsnede | 6221 |
| Plunjerpomp* | 6537 |

NL

NL

NL

NL

NL

| | | | | |
|---|---|---|---|---|
| Vlakke cilinderkopschroef met | | Werkingscilinder* | 2112 |
| zaagsnede | 6220 | Werkingscirkel* | 2115.1 |
| Vlakke sluitring | 6271.0 | Werkingscirkeldiameter* | 2116.1 |
| Vlakke sluitring, met afschuining | 6271.2 | Werkingshoek* | 3122 |
| Vlakke sluitring, normaal | 6271.1 | Werkingskegel* | 3113 |
| Vleugelmoer | 6261 | Werkingslijn* | 2231 |
| Vleugelschroef | 6232 | Werkingsmodulus* | 1214.2 |
| Vliegwiel | 6348 | Werkingsoppervlak* | 1141 |
| Vloeibare afdichting | 6531.4 | Werkingsschroeflijn* | 2122 |
| Vlottend gemonteerde | | Werkingsvlak* | 2241 |
| tandwielkast | 5008 | Werktuigmachines | 6626 |
| Voedingsindustrie | 6619 | Wiel | 1123 |
| Voertuigen | 6642 | Windassen | 6643 |
| Voetafronding | 1254 | Wisselstroom-motor | 6045.1 |
| Voetcilinder | 2113.1 | Wisselwiel | 1111.2 |
| Voetcirkel | 2117.1, 3126.1, 4319 | Worm | 1325, 5064 |
| Voetcirkelmiddellijn | 2118.1, 4323 | Worm-as | 5109 |
| Voetdiameter* | 3127.1 | Wormkast | 5026 |
| Voetflank | 1251.1 | Wormlengte | 4215 |
| Voethoek | 3145 | Wormoverbrenging | 1327, 4000 |
| Voethoogte | 2133, 3144, 4340 | Wormwiel | 1326, 5065 |
| Voetkegel | 3114.1 | Wormwielbreedte | 4326.1 |
| Voetkegelhoek | 3125.1 | Wormwielkast* | 5026 |
| Voetmanteloppervlak | 1222 | Wijzigingskoëfficiënt van de | |
| Voetmiddellijn | 3127.1 | hartafstand* | 2256 |
| Voetondersnijding | 1315 | | |
| Voetoppervlak | 1222.1 | | |
| Voettorus | 4316 | X-nul-overbrenging* | 2251 |
| Volger* | 1125 | X-overbrenging* | 2252 |
| Volle as | 6107 | | |
| Volledig harden | 6155 | | |
| Vóór-ingrijping* | 2243 | Y-min-overbrenging* | 2255.1 |
| Vóór-ingrijplengte* | 2245 | Y-nul-overbrenging* | 2254 |
| Voorschriftenplaat | 6056 | Y-plus-overbrenging* | 2255 |
| Vorkhandel* | 5128 | | |
| Vorkhefboom | 5128 | | |
| Vormgesmeed tandwiel | | Zelfinstellend éénrijig tonlager | 6423 |
| (of rondsel)* | 5112 | Zelfinstellend tweerijig tonlager | 6424 |
| Vrijloop | 6346 | Zeskantbout | 6202.0 |
| Vuldop | 6522 | Zeskantbout met kegelpunt | 6202.3 |
| | | Zeskantbout met tap | 6202.2 |
| | | Zeskantbout, normaal | 6202.1 |
| Waaierveerring | 6277.0 | Zeskantbout met flensvormig | |
| Waaierveerring, inwendig gestand | 6277.2 | topeind | 6203 |
| Waaierveerring, uitwendig gestand | 6277.1 | Zeskantmoer | 6251.0 |
| Waaierveerring, verzonken | 6277.3 | Zeskantmoer, laag | 6251.2 |
| Warm monteren | 6119.2 | Zeskantmoer, normaal | 6251.1 |
| Warmtebehandeling | 6150 | Zeskantpasbout* | 6204 |
| Waterkoeler | 6569.2 | Zeven | 6637 |
| Waterzuiveringsinstallaties | 6636 | Zijde | 5209 |
| Wentellager | 6401 | Zonnewiel | 1126, 5066 |
| Werkings...* | 1144 | Zuigerpomp | 6537 |

# Förord

De europeiska kuggväxel och transmissionsdelstillverkarnas fackförbund grundade år 1967 en kommitté under namnet "Den europeiska fackförbundskomitten för kuggväxel och transmissionsdelstillverkare", kort kallad EUROTRANS.

Kommittén har som uppgift:

a) att studera gemensamma ekonomiska och tekniska fackproblem
b) att företräda gemensamma intressen gentemot internationella organisationer
c) att befrämja fackområdet på ett internationellt plan

Kommittén är en sammanslutning utan juridisk person och utan avseende på vinst.

Medlemsförbunden inom EUROTRANS är:

Fachgemeinschaft Antriebstechnik im VDMA
Lyoner Straße 18, D-6000 Frankfurt/Main 71,

Servicio Tecnico Comercial de Constructores de Bienes de Equipo (SERCOBE) –
Grupo de Transmision Mecanica
Jorge Juan, 47, E-Madrid-1,

SYNECOT – Syndicat National des Fabricants d'Engrenages et Constructeurs
d'Organes de Transmission
9, rue des Celtes, F-95100 Argenteuil,

FABRIMETAL – groep 11/1 "Tandwielen, transmissie-organen"
Lakenweversstraat 21, B-1050 Brussel,

BGMA – British Gear Manufacturers Association
P.O. Box 121, GB-Sheffield S 1 3 AF,

ASSIOT – Associazione Italiana Costruttori Organi di Trasmissione e Ingranaggi
Via Cadamosto 2, I-20129 Milano,

FME – Federatie Metaal-en Elektrotechnische Industrie
Postbus 190, NL-2700 AD Zoetermeer,

Sveriges Mekanförbund
Storgatan 19, S-11485 Stockholm,

Suomen Metalliteollisuuden Keskusliitto, Voimansiirtoryhmä
Eteläranta 10, SF-00130 Helsinki 13.

EUROTRANS har med detta verk nöjet att presentera den andra delen i en ordboksserie om sammanlagt fem band på åtta språk (tyska, spanska, franska, en-

gelska, italienska, holländska, svenska och finska) ägnade åt kugghjul, växlar och transmissionselement.
Detta band har utarbetats av en arbetsgrupp inom EUROTRANS i samarbete med ingenjörer och översättare från Tyskland, Spanien, Frankrike, England, Italien, Holland, Belgien, Sverige och Finland. Det skall underlätta det ömsesidiga internationella informationsutbytet inom kuggväxelområdet samt erbjuda möjlighet för personer inom samma fack att bättre förstå och lära känna varandra.

S

# Inledning

Föreliggande verk omfattar

åtta alfabetiska register inklusive synonymer på tyska, spanska, franska engelska, italienska, holländska, svenska och finska;

I ordboken finner man vid bilden av begreppet termen på de åtta språken. Varje bild har sitt kodnummer i kanten.

Om man till ett uppslagsord, som är givet på ett av de åtta språken i ordlistan, söker efter översättningen på något av de andra sju språken, så behöver man endast ta reda på kodnumret i registret. Man finner då översättningen under detta nummer i ordboken.

Samma förfarande gäller synonymer vilka är markerade med en *. Om ett ord har flera nummer i det alfabetiska registret, så får sammanhanget avgöra översättningen.

Exempel: "Omläggbar växel"

Sök upp ordet i det svenska registret och Ni finner nr 5047

Sök nu upp nr 5047 i ordboken och Ni återfinner avbildningen liksom även termen på

tyska        – Schaltgetriebe
spanska      – Caja de velocidades
franska      – Boîte de vitesses
engelska     – Speed change gear unit
italienska   – Cambio di velocità
holländska   – Schakeltandwielkast
svenska      – Omläggbar växel
finska       – Monivälityksinen hammasvaihde

Termer med nummer 1111–4414 återfinns i Band 1 "Kugghjul".

# Alfabetisk ordlista
## med synonymer

Synonymer = *



S

**S**

S

S

S

S

S

S

S

S

S

S

# Esipuhe

Euroopassa toimivat hammasvaihteiden ja voimansiirtoalan muiden laitteiden valmistajien toimialaryhmät perustivat v. 1967 komitean nimeltään "Hammasvaihteiden ja voimansiirtoalan muiden laitteiden valmistajien Euroopankomitea", lyhyesti EUROTRANS.

Tämän komitean tavoitteena on:

a) toimialan yhteisten taloudellisten ja teknisten kysymysten tutkiminen
b) yhteisten etujen valvominen kansainvälisissä organisaatioissa
c) toimialan kehittäminen kansainvälisellä tasolla

EUROTRANS-komitea ei ole oikeuskelpoinen eikä toimi ansiotarkoituksessa.


EUROTRANSin jäsenyhdistykset ovat:

Fachgemeinschaft Antriebstechnik im VDMA
Lyoner Straße 18, D-6000 Frankfurt/Main 71,

Servicio Tecnico Comercial de Constructores de Bienes de Equipo (SERCOBE) –
Grupo de Transmision Mecanica
Jorge Juan, 47, E-Madrid-1,

SYNECOT – Syndicat National des Fabricants d'Engrenages et Constructeurs
d'Organes de Transmission
9, rue des Celtes, F-95100 Argenteuil,

FABRIMETAL – groep 11/1 "Tandwielen, transmissie-organen"
Lakenweversstraat 21, B-1050 Brussel,

BGMA – British Gear Manufacturers Association
P.O. Box 121, GB-Sheffield S 1 3 AF,

ASSIOT – Associazione Italiana Costruttori Organi di Trasmissione e Ingranaggi
Via Cadamosto 2, I-20129 Milano,

FME – Federatie Metaal-en Elektrotechnische Industrie
Postbus 190, NL-2700 AD Zoetermeer,

Sveriges Mekanförbund
Storgatan 19, S-11485 Stockholm,

Suomen Metalliteollisuuden Keskusliitto, Voimansiirtoryhmä
Eteläranta 10, SF-00130 Helsinki 13.

SF

EUROTRANS on nyt saanut valmiiksi toisen osan viisiosaisesta kahdeksankielisestä (saksa, espanja, ranska, englanti, italia, hollanti, ruotsi ja suomi) hammaspyöriä, hammasvaihteita ja muita voimansiirtolaitteita koskevasta sanakirjasta.

Tämän sanakirjan on laatinut EUROTRANS-työryhmä. Työryhmän ovat muodostaneet edustajat Saksasta, Espanjasta, Ranskasta, Englannista, Italiasta, Hollannista, Belgiasta, Ruotsista ja Suomesta. Kirja tulee helpottamaan keskinäistä kansainvälistä kanssakäyntiä hammaspyöräalalla ja tarjoamaan kaikissa näissä maissa alalla toimiville, samanlaisia tehtäviä hoitaville henkilöille mahdollisuuden oppia ymmärtämään toisiaan paremmin.

SF

# Johdanto

Tämä sanakirja on jaettu kahteen osaan:

Ensimmäisessä osassa on termien aakkosellinen hakemisto, myös synonyymit, kahdeksalla kielellä (saksa, espanja, ranska, englanti, italia, hollanti, ruotsi ja suomi).

Sanakirjassa on jokaisen kuvan jälkeen termi kahdeksalla kielellä. Jokainen otsake alkaa koodinumerolla.

Etsittäessä jollekin hakusanalle vastinetta muilla sanakirjan kielillä, katsotaan hakusanan koodinumero kyseisestä hakemistosta. Tämän numeron avulla löytyy käännös sanastosta.

Sama menettelytapa pätee synonyymeihin, jotka on merkitty tähdellä *. Jos jonkin sanan kohdalla aakkosellisessa hakemistossa on useampia numeroita, se käännetään eri tavoin asiayhteydestä riippuen.

Esimerkki: "Monivälityksinen hammasvaihde"

Etsitään sana suomalaisesta hakemistosta. Sanan jälkeen on merkitty koodinumero 5047.

Nyt etsitään sanastosta numero 5047. Kuvan jälkeen ovat termit:

saksaksi     – Schaltgetriebe
espanjaksi   – Caja de velocidades
ranskaksi    – Boîte de vitesses
englanniksi  – Speed change gear unit
italiaksi    – Cambio di velocita
hollanniksi  – Schakeltandwielkast
ruotsiksi    – Omläggbar växel
suomeksi     – Monivälityksinen hammasvaihde

Termit, joiden numerot ovat 1111 ... 4414, ovat osasta 1 "Hammaspyörät".

# Termien aakkosellinen hakemisto – vakiotermit ja niiden synonyymit

Synonyymit on merkitty tähdellä = *

SF

SF

SF

123

SF

SF

SF

SF

SF

SF

SF

SF

SF

SF

SF

SF

SF

SF

SF

SF

| Glossar | D |
|---|---|
| Diccionario | E |
| Glossaire | F |
| Glossary | GB |
| Glossario | I |
| Glossarium | NL |
| Ordbok | S |
| Sanasto | SF |

| 5000 | | D Zahnradgetriebe<br>E Reductores<br>F Ensemble à engrenages<br>GB Gear unit assemblies<br>I Riduttore ad ingranaggi<br>NL Tandwielaandrijvingen<br>S Kuggväxlar<br>SF Hammasvaihteet |
|---|---|---|
| 5001 | | D Zahnradgetriebe<br>E Reductor de engranajes<br>F Ensemble à engrenages (sous carter)<br>GB Gear unit<br>I Riduttore<br>NL Tandwielkast<br>S Kuggväxel<br>SF Hammasvaihde |
| 5002 | | D Einstufiges Zahnradgetriebe<br>E Reductor de una etapa de reducción<br>F Ensemble à 1 engrenage (sous carter)<br>GB Single stage gear unit<br>I Riduttore ad un ingranaggio<br>NL Eén-traps tandwielkast<br>S 1-stegs kuggväxel<br>SF Yksiportainen hammasvaihde |
| 5003 | | D Zweistufiges Zahnradgetriebe<br>E Reductor de dos etapas de reducción<br>F Ensemble à 2 engrenages (sous carter)<br>GB Two stage gear unit<br>I Riduttore a due ingranaggi<br>NL Twee-traps tandwielkast<br>S 2-stegs kuggväxel<br>SF Kaksiportainen hammasvaihde |
| 5004 | | D N-stufiges Zahnradgetriebe<br>E Reductor de n etapas de reducción<br>F Ensemble à "n" engrenages (sous carter)<br>GB n-stage gear unit<br>I Riduttore a n ingranaggi<br>NL N-traps tandwielkast<br>S Kuggväxel med n-steg<br>SF n-portainen hammasvaihde |

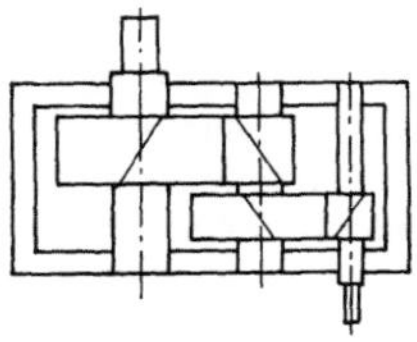

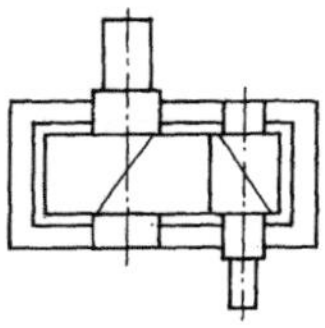

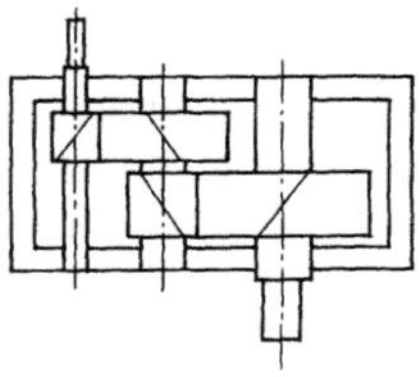

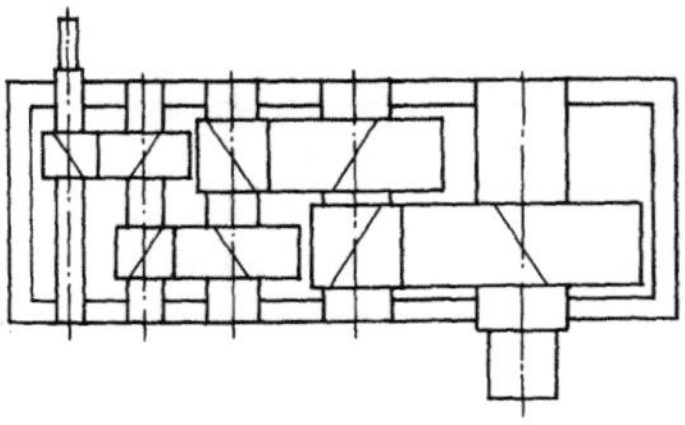

| 5005 | | D Flanschgetriebe<br>E Reductor con brida<br>F Ensemble à engrenages flasque-bride<br>GB Flange mounted gear unit<br>I Riduttore con flangia<br>NL Tandwielkast met flensbevestiging<br>S Kuggväxel i flänsutförande<br>SF Laippahammasvaihde |
|---|---|---|
| 5006 | | D Fußgetriebe<br>E Reductor con patas<br>F Ensemble à engrenages à pattes<br>GB Foot mounted gear unit<br>I Riduttore con piedi di appoggio<br>NL Tandwielkast met voetbevestiging<br>S Kuggväxel i fotutförande<br>SF Jalkahammasvaihde |
| 5007 | | D Getriebe mit Bodenflansch<br>E Reductor con placa base<br>F Ensemble à engrenages à semelle<br>GB Gear unit with bottom flange<br>I Riduttore con basamento<br>NL Tandwielkast met bevestigingsflens<br>S Kuggväxel med fotfläns<br>SF Hammasvaihde, jossa jalkalaippa |
| 5008 | | D Aufsteckgetriebe<br>E Reductor flotante<br>F Ensemble flottant<br>GB Shaft mounted gear unit<br>I Riduttore pendolare<br>NL Vlottend gemonteerde tandwielkast<br>S Tappväxel<br>SF Tappihammasvaihde |
| 5009 | | D Horizontalgetriebe<br>E Reductor de ejes horizontales<br>F Ensemble à engrenages horizontal<br>GB Horizontal gear unit<br>I Riduttore ad ingranaggi orizzontali<br>NL Kast met horizontaal opgestelde assen<br>S Horisontell kuggväxel<br>SF Vaaka-akselinen hammasvaihde |

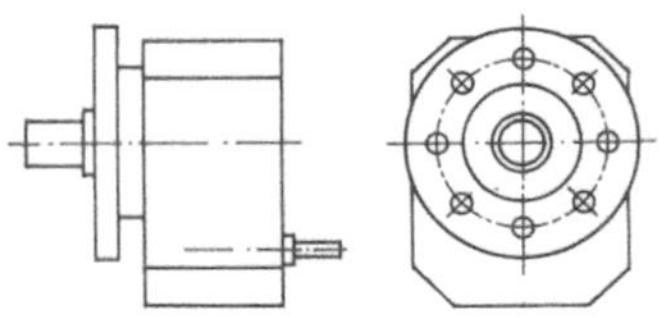

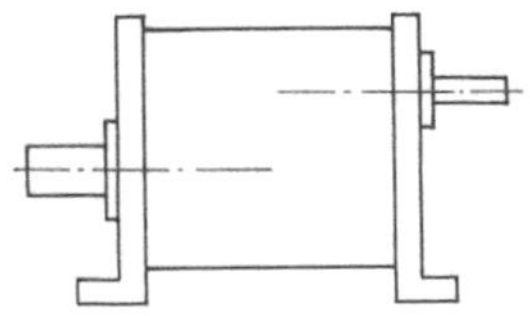

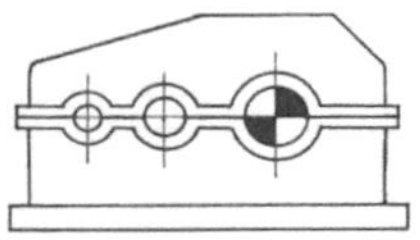

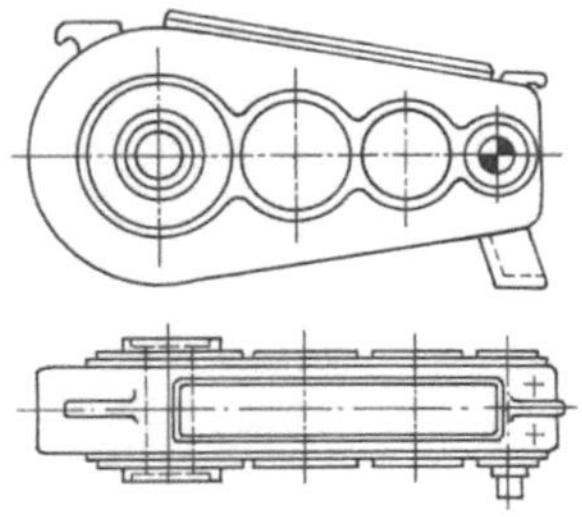

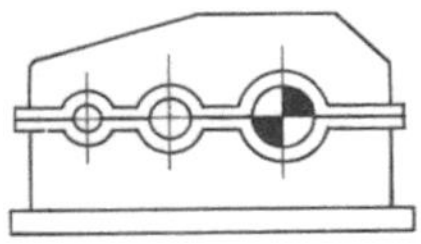

| 5010 | 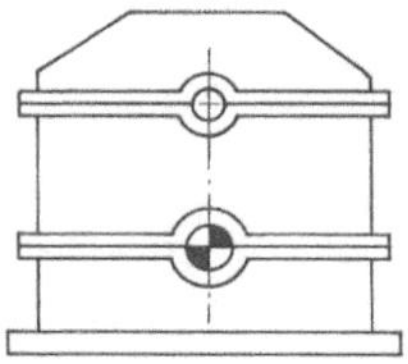 | D Vertikalgetriebe<br>E Reductor de ejes superpuestos<br>F Ensemble à engrenages supporposés<br>GB Vertical gear unit<br>I Riduttore ad ingranaggi sovrapposti<br>NL Kast met vertikaal opgestelde assen<br>S Vertikal kuggväxel<br>SF Hammasvaihde, jossa vaaka-akselit samassa pystytasossa |
| 5011 | 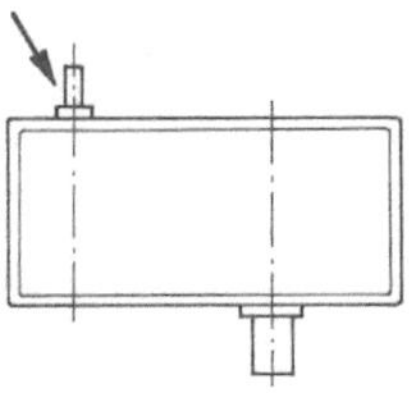 | D Getriebe mit einer Eingangswelle<br>E Reductor con una entrada<br>F Ensemble à engrenages à 1 entrée<br>GB Single input gear unit<br>I Riduttore a una entrata<br>NL Tandwielkast met één ingaande as<br>S Kuggväxel med 1 ingående axel<br>SF Hammasvaihde, jossa yksi ensiöakseli |
| 5012 | 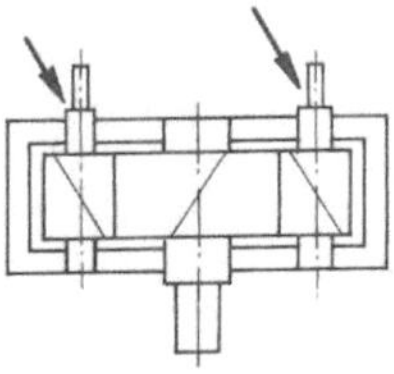 | D Getriebe mit n-Eingangswellen<br>E Reductor con n entradas<br>F Ensemble à engrenages à n entrées<br>GB n-inputs gear unit<br>I Riduttore a n. entrate<br>NL Tandwielkast met n ingaande assen<br>S Kuggväxel med n-ingående axlar<br>SF Hammasvaihde, jossa n ensiöakselia |
| 5013 | 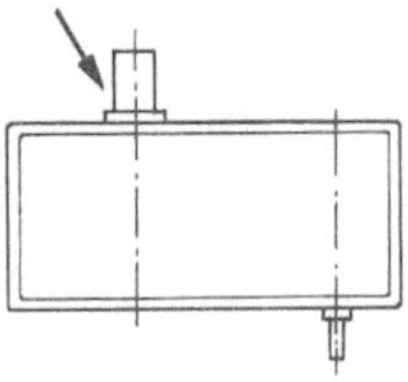 | D Getriebe mit einer Ausgangswelle<br>E Reductor con una salida<br>F Ensemble à engrenages à 1 sortie<br>GB Single output gear unit<br>I Riduttore ad una uscita<br>NL Tandwielkast met één uitgaande as<br>S Kuggväxel med n-utgående axlar<br>SF Hammasvaihde, jossa yksi toisioakseli |
| 5014 | 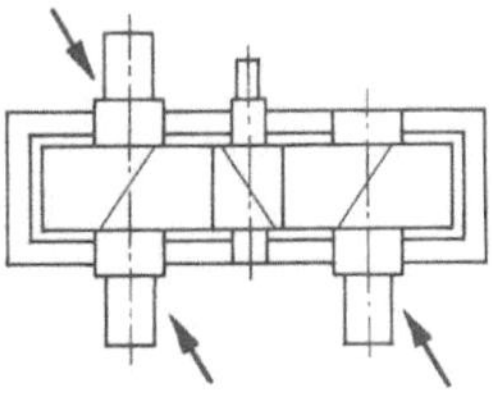 | D Getriebe mit n-Ausgangswellen<br>E Reductor con n salidas<br>F Ensemble à engrenages à n sorties<br>GB n-outputs gear unit<br>I Riduttore a n uscite<br>NL Tandwielkast met n uitgaande assen<br>S Kuggväxel med n-utgående axlar<br>SF Hammasvaihde, jossa n toisioakselia |

145

| 5015 | 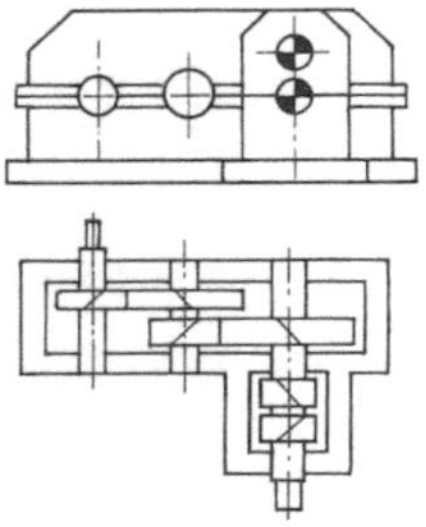 | D Kombiniertes Getriebe<br>E Reductor combinado<br>F Ensemble combiné<br>GB Combined gear unit<br>I Riduttore combinato<br>NL Gekombineerde tandwielkast<br>S Kombinerad kuggväxel<br>SF Yhdistetty hammasvaihde |
| 5016 | 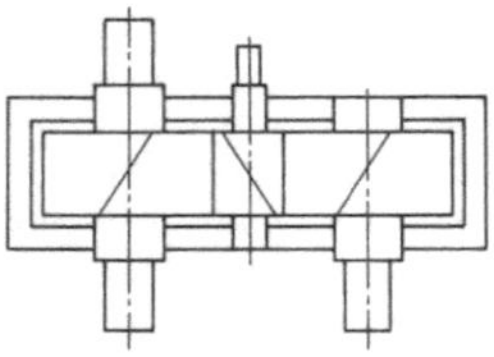 | D Getriebe mit parallelen Wellen<br>E Reductor de ejes paralelos<br>F Ensemble à arbres parallèles<br>GB Parallel shaft gear unit<br>I Riduttore ad assi paralleli<br>NL Tandwielkast met evenwijdige assen<br>S Kuggväxel med parallella axlar<br>SF Hammasvaihde, jossa yhdensuuntaiset akselit |
| 5017 | 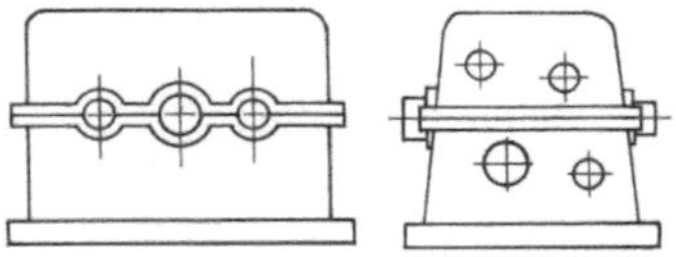 | D Getriebe mit parallel zueinander liegenden Wellen<br>E Reductor de ejes paralelos no coaxial<br>F Ensemble à arbres parallèles<br>GB Gear unit with parallel shafts<br>I Riduttore ad assi paralleli non coassiali<br>NL Tandwielkast met in één vlak liggende evenwijdige assen<br>S Kuggväxel med parallella axlar<br>SF Hammasvaihde, jonka akselit yhdensuuntaiset |
| 5018 | 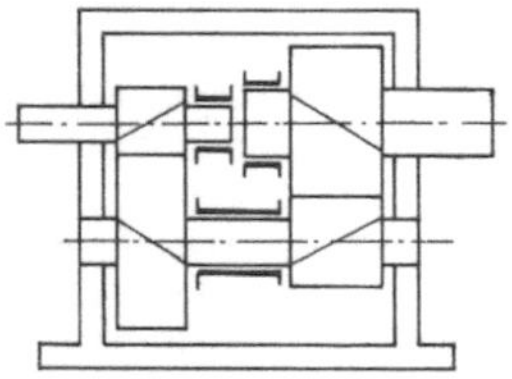 | D Getriebe mit koaxialen Wellen<br>E Reductor de ejes coaxiales<br>F Ensemble coaxial<br>GB Co-axial gear unit<br>I Riduttore coassiale<br>NL Co-axiale tandwielkast<br>S Kuggväxel med koaxiella axlar<br>SF Hammasvaihde, jossa ensiö- ja toisioakseli ovat samankeskeiset |
| 5019 | 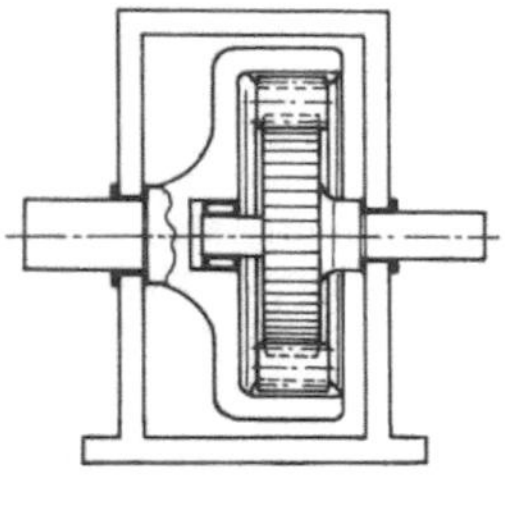 | D Planetengetriebe<br>E Reductor planetario<br>F Ensemble planétaire<br>GB Planetary gear unit<br>I Riduttore planetario (o epicicloidale)<br>NL Planetaire tandwielkast<br>S Planetväxel<br>SF Planeettavaihde |

| 5020 | | D Stirnradgetriebe<br>E Reductor de engranajes cilíndricos<br>F Ensemble à engrenages cylindriques<br>GB Cylindrical gear unit<br>I Riduttore ad ingranaggi cilindrici<br>NL Tandwielkast met cilindrische tandwielen<br>S Cylindrisk kuggväxel<br>SF Lieriöhammasvaihde |
|---|---|---|
| 5021 | | D Getriebe mit rechtwinklig zueinander<br>angeordneten Wellen<br>E Reductor de ejes perpendiculares<br>F Ensemble à arbres perpendiculaires<br>GB Right angle drive gear unit<br>I Riduttore ad assi ortogonali<br>NL Tandwielkast met haakse assen<br>S Kuggväxel med axlar i rät vinkel<br>SF Hammasvaihde, jossa ensiö- ja toisioakseli<br>kohtisuorassa |
| 5022 | | D Winkelgetriebe<br>E Reenvío en ángulo<br>F Renvoi d'angle<br>GB Right angle drive gear unit<br>I Rinvio ad angolo<br>NL Ashoektandwielkast<br>S Vinkelväxel<br>SF Kulmavaihde |
| 5023 | | D Kegelradgetriebe mit Geradverzahnung<br>E Reenvío en ángulo dos engranajes cónicos<br>de dientes rectos<br>F Renvoi d'angle conique à denture droite<br>GB Bevel gear unit<br>I Rinvio ad angolo con dentatura conica diritta<br>NL Tandwielkast met rechte kegeltandwielen<br>S Konisk kuggväxel med raka kuggar<br>SF Suorahampainen kartiovaihde |
| 5024 | | D Kegelradgetriebe mit Spiralverzahnung<br>E Reenvío en ángulo cónico de engranaje<br>espiral<br>F Renvoi d'angle conique à denture spirale<br>GB Spiral bevel gear unit<br>I Rinvio ad angolo con dentatura conica a<br>spirale<br>NL Tandwielkast met kegeltandwielen met<br>spirale vertanding<br>S Konisk kuggväxel med spiralkugg<br>SF Kaarihampainen kartiovaihde |

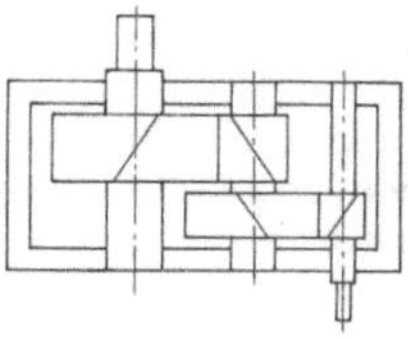

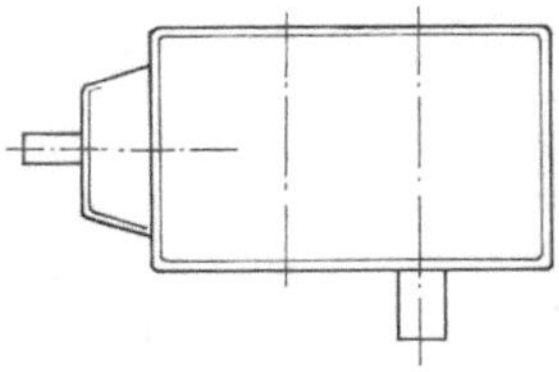

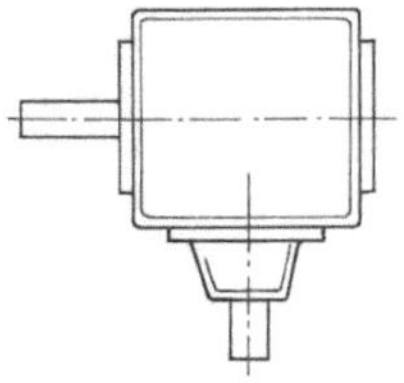

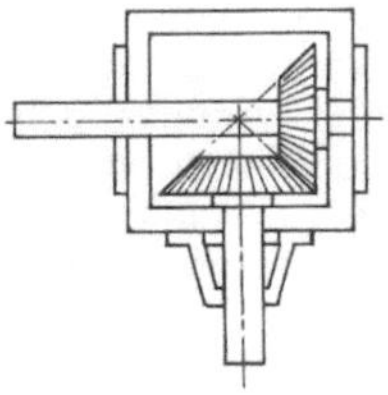

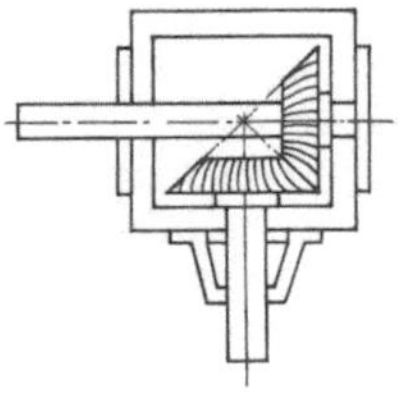

| 5025 | | D  Winkelgetriebe i = 1<br>E  Reenvío en ángulo i = 1<br>F  Renvoi d'angle i = 1<br>GB Right angled gear unit i = 1<br>I  Rinvio ad angolo con ingranaggio a vite i = 1<br>NL Ashoekkast i = 1<br>S  Vinkelväxel i = 1<br>SF Kulmavaihde i = 1 |
|---|---|---|
| 5026 | | D  Schneckengetriebe<br>E  Reductor de tornillo sinfín<br>F  Ensemble à vis cylindrique<br>GB Worm gear unit<br>I  Riduttore a vite<br>NL Wormkast<br>S  Snäckväxel<br>SF Kierukkavaihde |
| 5027 | | D  Globoidschneckengetriebe<br>E  Reductor de sinfín-globoidal<br>F  Ensemble à vis globique<br>GB Double enveloping worm gear unit<br>I  Riduttore a vite globoidale<br>NL Globoïde-wormkast<br>S  Globoidsnäckväxel<br>SL Globoidikierukkavaihde |
| 5028 | | D  Kegelstirnradgetriebe<br>E  Reductor de engranajes cilíndricos y cónicos<br>F  Ensemble cylindro-conique<br>GB Bevel and cylindrical gear unit<br>I  Riduttore ad assi ortogonali (1 ingranaggio conico e 1 cilindrico)<br>NL Tandwielkast met cilindrische en kegeltandwielen<br>S  Konisk-cylindrisk kuggväxel<br>SF Kartio-lieriöhammasvaihde |
| 5029 | | D  Schneckenstirnradgetriebe<br>E  Reductor de tornillo sinfín y engranaje cilíndrico<br>F  Ensemble vis sans fin et engrenage cylindrique<br>GB Worm and cylindrical gear unit<br>I  Riduttore a vite e ingranaggio cilindrico<br>NL Tandwielkast met cilindrische tandwielen en wormoverbrenging<br>S  Kombinerad snäck- och kuggväxel<br>SF Lieriö-kierukkavaihde |

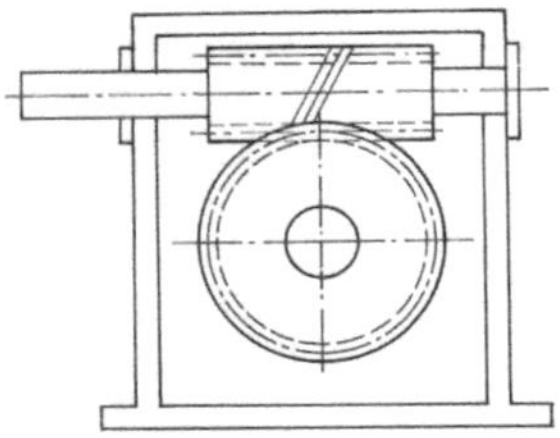

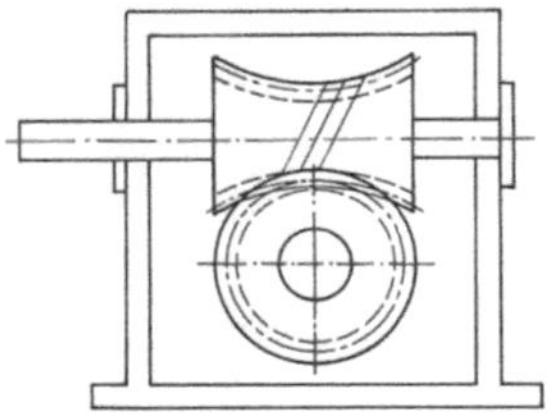

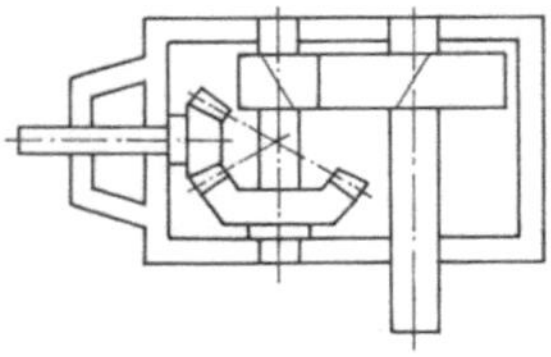

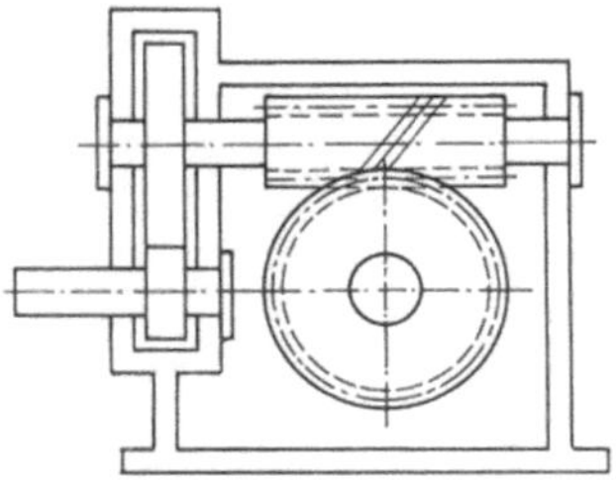

| 5030 | | D Schneckenplanetengetriebe<br>E Reductor de tornillo sinfín y engranaje planetario<br>F Ensemble vis sans fin et engrenage planétaire<br>GB Worm planetary gear unit<br>I Riduttore a vite e ingranaggio planetario<br>NL Planetaire tandwielkast en wormoverbrenging<br>S Kombinerad snäck- och planetväxel<br>SF Planeetta-kierukkavaihde |
| 5031 | | D Baukastengetriebe<br>E Montaje monobloc de varios reductores<br>F Ensemble modulaire<br>GB Gear unit of modular construction<br>I Riduttore modulare<br>NL Aanbouw-(tandwiel)-kast<br>S Modulbyggd kuggväxel<br>SF Moduuleista koottu hammasvaihde |
| 5032 | | D Schnellaufendes Getriebe<br>E Reductor de alta velocidad<br>F Ensemble grande vitesse<br>GB High speed gear unit<br>I Riduttore per alta velocità<br>NL Tandwielkast met sneldraaiende assen<br>S Turboväxel<br>SF Hammasvaihde, jossa suuri kehänopeus |
| 5033 | | D Hohlwellengetriebe<br>E Reductor de eje hueco<br>F Ensemble à arbre creux<br>GB Hollow shaft gear unit<br>I Riduttore ad albero cavo<br>NL Tandwielkast met holle as<br>S Hålaxelväxel<br>SF Putkiakselivaihde |
| 5034 | $i>1$ | D Untersetzungsgetriebe<br>E Reductor de velocidad<br>F Réducteur de vitesse<br>GB Speed reducing gear<br>I Riduttore di velocità<br>NL Reduktiekast<br>S Reduktionsväxel<br>SF Alennusvaihde |

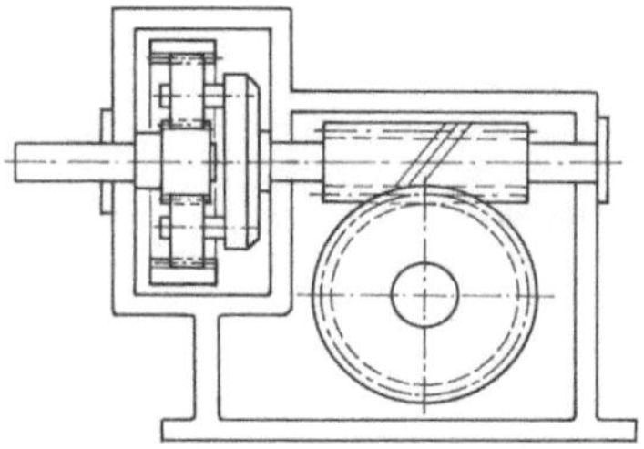

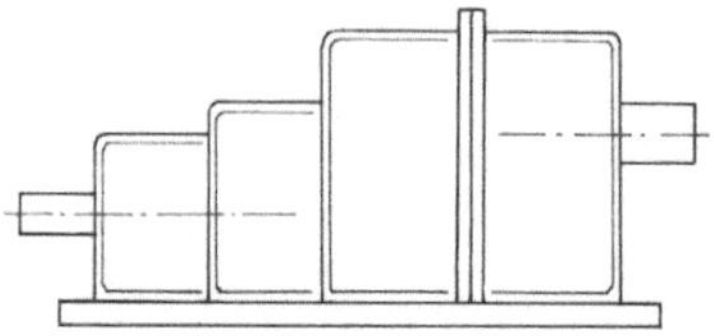

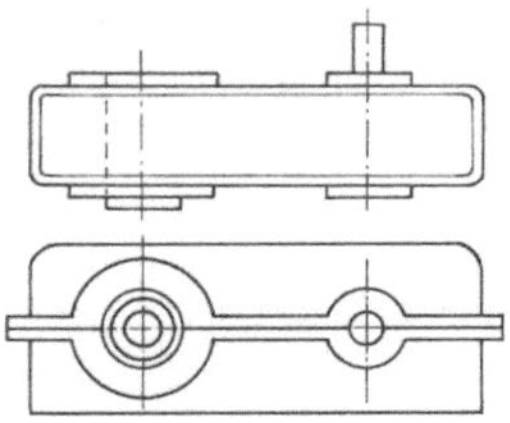

| 5035 | 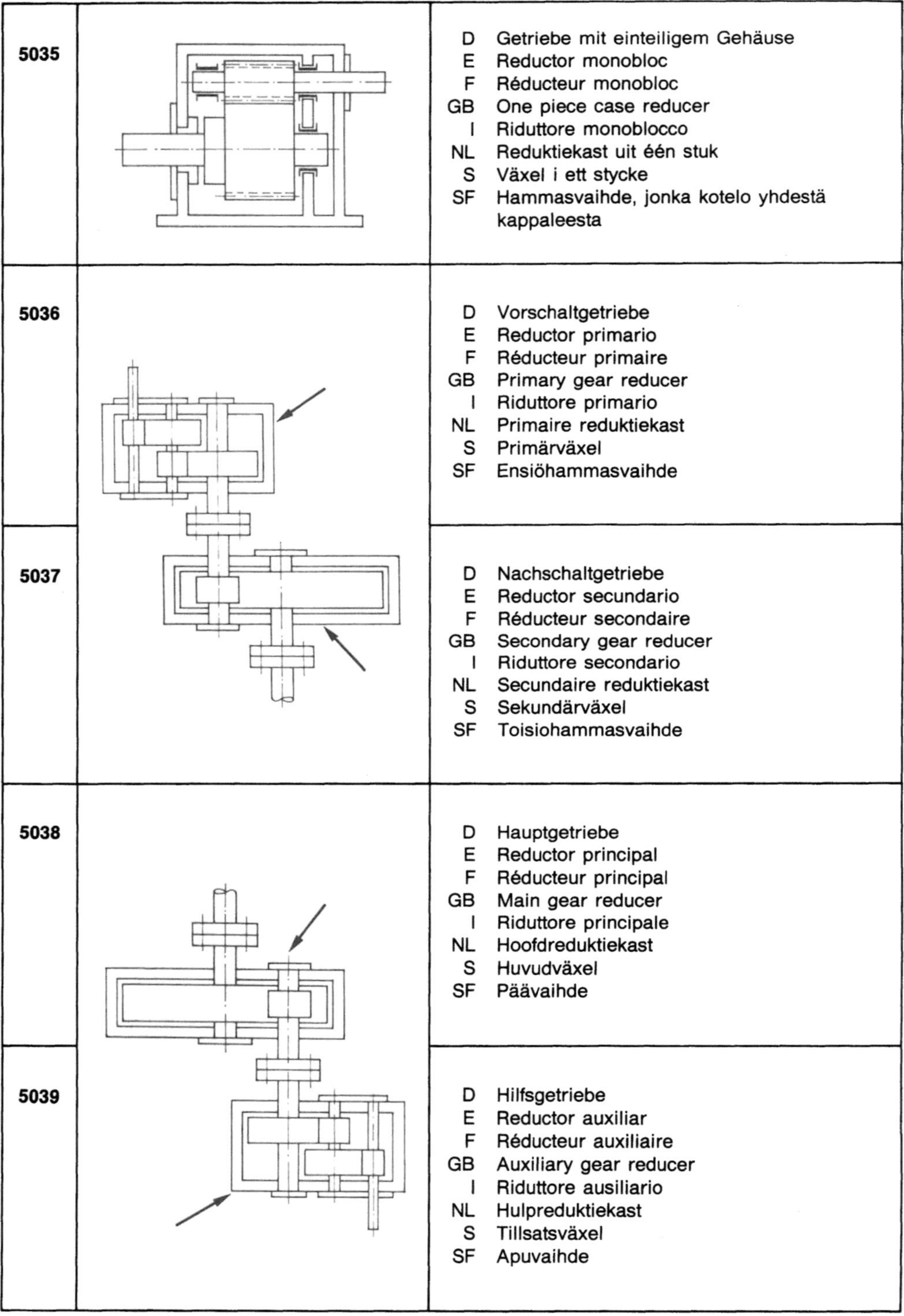 | D   Getriebe mit einteiligem Gehäuse<br>E   Reductor monobloc<br>F   Réducteur monobloc<br>GB  One piece case reducer<br>I   Riduttore monoblocco<br>NL  Reduktiekast uit één stuk<br>S   Växel i ett stycke<br>SF  Hammasvaihde, jonka kotelo yhdestä kappaleesta |
|---|---|---|
| 5036 | | D   Vorschaltgetriebe<br>E   Reductor primario<br>F   Réducteur primaire<br>GB  Primary gear reducer<br>I   Riduttore primario<br>NL  Primaire reduktiekast<br>S   Primärväxel<br>SF  Ensiöhammasvaihde |
| 5037 | | D   Nachschaltgetriebe<br>E   Reductor secundario<br>F   Réducteur secondaire<br>GB  Secondary gear reducer<br>I   Riduttore secondario<br>NL  Secundaire reduktiekast<br>S   Sekundärväxel<br>SF  Toisiohammasvaihde |
| 5038 | | D   Hauptgetriebe<br>E   Reductor principal<br>F   Réducteur principal<br>GB  Main gear reducer<br>I   Riduttore principale<br>NL  Hoofdreduktiekast<br>S   Huvudväxel<br>SF  Päävaihde |
| 5039 | | D   Hilfsgetriebe<br>E   Reductor auxiliar<br>F   Réducteur auxiliaire<br>GB  Auxiliary gear reducer<br>I   Riduttore ausiliario<br>NL  Hulpreduktiekast<br>S   Tillsatsväxel<br>SF  Apuvaihde |

| 5040 | | D Getriebemotor<br>E Motorreductor<br>F Moto-réducteur<br>GB Gear motor<br>I Motoriduttore<br>NL Motorreduktor<br>S Kuggväxelmotor<br>SF Moottorivaihde |
|---|---|---|
| 5041 | | D Motorgetriebe<br>E Motorreductor<br>F Moteur réducteur<br>GB Motor gear unit<br>I Motoriduttore con giunto (tra motore e riduttore)<br>NL Motorreduktiekast<br>S Kuggväxelmotor<br>SF Moottorivaihde |
| 5042 | | D Fußgetriebemotor<br>E Motorreductor de patas<br>F Moto-réducteur à pattes<br>GB Foot-mounted gear motor<br>I Motoriduttore con piedi di appoggio<br>NL Motorreduktor met voetbevestiging<br>S Kuggväxelmotor i fotutförande<br>SF Moottorijalkavaihde |
| 5043 | | D Flanschgetriebemotor<br>E Motorreductor de brida<br>F Moto-réducteur à bride<br>GB Flange-mounted gear motor<br>I Motoriduttore con flangia<br>NL Motorreduktor met flensbevestiging<br>S Kuggväxelmotor i flänsutförande<br>SF Moottorilaippavaihde |
| 5044 | | D Schnellaufendes Untersetzungsgetriebe<br>E Reductor de alta velocidad<br>F Réducteur grande vitesse<br>GB High speed reducer<br>I Riduttore per alta velocità<br>NL Sneldraaiende reduktiekast<br>S Reduktionsväxel med hög hastighet<br>SF Alennusvaihde, jossa suuri kehänopeus |

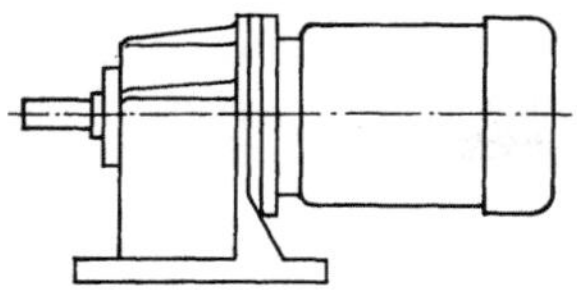

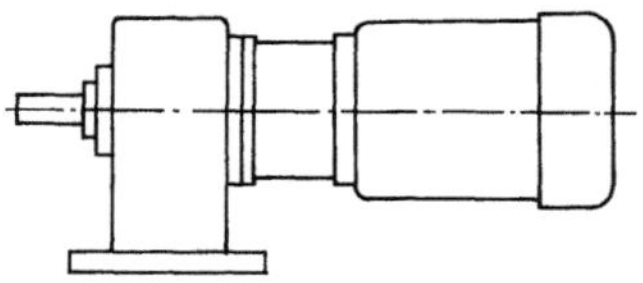

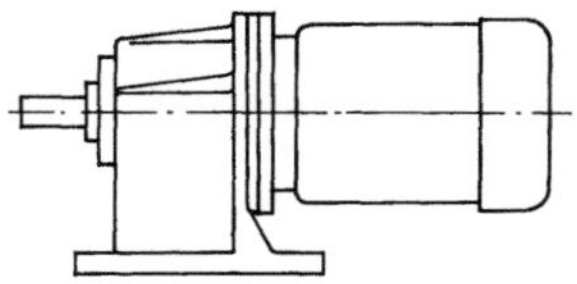

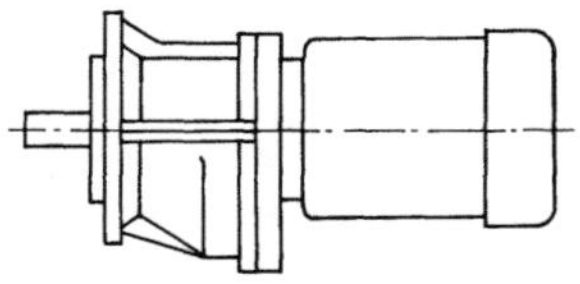

| 5045 | $i < 1$ | D Übersetzungsgetriebe<br>E Multiplicador de velocidad<br>F Multiplicateur grande vitesse<br>GB Speed increasing gear<br>I Moltiplicatore di velocità<br>NL Versnellingskast<br>S Kuggväxel med uppväxling<br>SF Ylennysvaihde |
|---|---|---|
| 5046 | | D Schnellaufendes Übersetzungsgetriebe<br>E Multiplicador de alta velocidad<br>F Multiplicateur de vitesse<br>GB High speed increaser<br>I Moltiplicatore per alta velocità<br>NL Sneldraaiende versnellingskast<br>S Kuggväxel med uppväxling och hög hastighet<br>SF Ylennysvaihde, jossa suuri kehänopeus |
| 5047 | | D Schaltgetriebe<br>E Caja de velocidades<br>F Boîte de vitesses<br>GB Speed change gear unit<br>I Cambio di velocità<br>NL Schakeltandwielkast<br>S Omläggbar växel<br>SF Monivälityksinen hammasvaihde |
| 5048 | $i_1 \; i_2 \; i_3 \; i_n$ | D N-Gang-Getriebe<br>E Caja de velocidades de n trenes de engranajes<br>F Boîte de vitesses à n rapports<br>GB n-speeds gear unit<br>I Cambio di velocità a n rapporti<br>NL Schakeltandwielkast met n-overbrengingen<br>S Omläggbar växel med n-utväxlingar<br>SF n-välityksinen hammasvaihde |
| 5049 | | D Schaltgetriebe – schaltbar bei Stillstand<br>E Caja de velocidades con cambio en paro<br>F Boîte de vitesses à changement à l'arrêt<br>GB Speed change gear unit (at standstill)<br>I Cambio di velocità con innesto da fermo<br>NL Schakeltandwielkast, schakelbaar bij stilstand<br>S Växellåda omläggbar vid stillastående<br>SF Monivälityksinen hammasvaihde – kytkentä levossa |

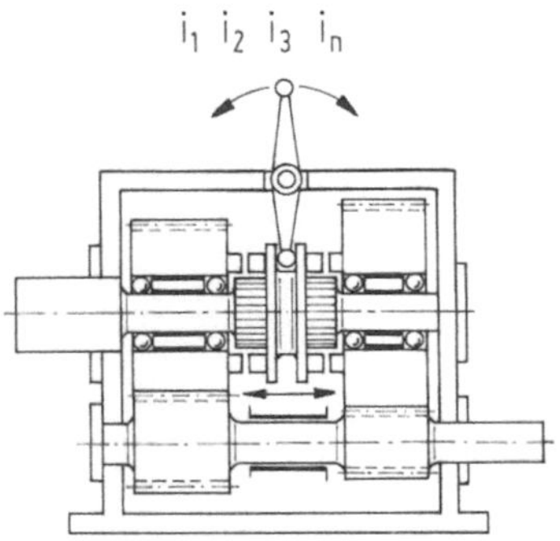

| | | |
|---|---|---|
| **5050** | | D Schaltgetriebe – schaltbar während des Betriebes<br>E Caja de velocidades con cambio en marcha<br>F Boîte de vitesses à changement en marche<br>GB Speed change gear unit (when running)<br>I Cambio di velocità con innesto in marcia<br>NL Schakeltandwielkast, schakelbaar tijdens bedrijf<br>S Växellåda omläggbar under gång<br>SF Monivälityksinen hammasvaihde – kytkentä käydessä |
| **5051** | | D Synchrongetriebe<br>E Caja de velocidades sincronizadas<br>F Boîte de vitesses synchronisées<br>GB Synchro-mesh gear box<br>I Cambio di velocità sincronizzato<br>NL Gesynchronizeerde tandwielkast<br>S Synkroniserad kuggväxel<br>SF Synkronoitu vaihde |
| **5052** | | D Automatikgetriebe<br>E Caja de velocidades con cambio automático<br>F Boîte de vitesses à changement automatique<br>GB Automatic speed change gear box<br>I Cambio di velocità automatico<br>NL Automatische schakeltandwielkast<br>S Kuggväxel med automatisk växling<br>SF Automaattivaihde |
| **5053** | | D Wendegetriebe<br>E Inversor de marcha<br>F Inverseur de marche<br>GB Reversing gear unit<br>I Invertitore<br>NL Omkeertandwielkast<br>S Reverseringsväxel<br>SF Suunnankääntövaihde |
| **5054** | | D Kammwalzgerüst<br>E Caja de piñones<br>F Cage à pignons<br>GB Pinion stand<br>I Gabbia a pignoni<br>NL Verdeeltandwielkast<br>S Koppeltrillstol<br>SF Valssin jakovaihde |

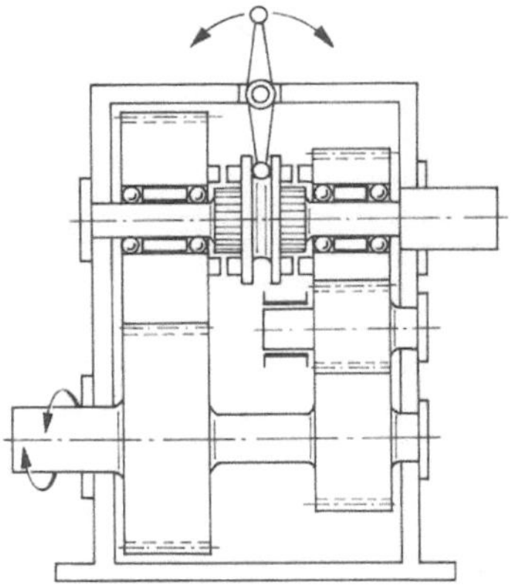

| 5055 | 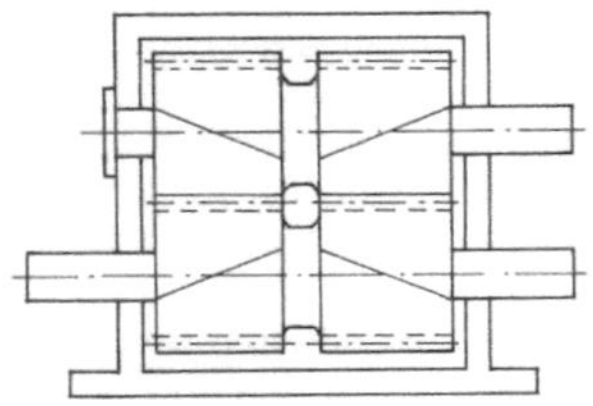 | D Zweistufiges Kammwalzgerüst<br>E Caja de piñones duó<br>F Cage à pignons duo<br>GB Two high pinion stand<br>I Gabbia a due pignoni<br>NL Verdeeltandwielkast met twee rondsels<br>S Duo-trillstol<br>SF Jakovaihde, jossa kaksi hammasakselia |
|---|---|---|
| 5056 | 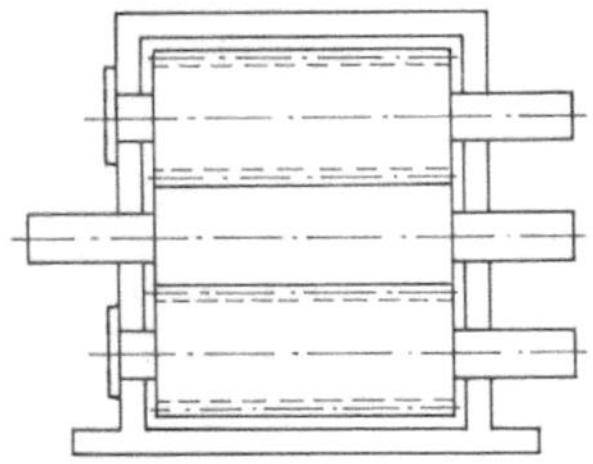 | D Dreistufiges Kammwalzgerüst<br>E Caja de piñones trio<br>F Cage à pignons trio<br>GB Three high pinion stand<br>I Gabbia a tre pignoni<br>NL Verdeeltandwielkast met drie rondsels<br>S Trio-trillstol<br>SF Jakovaihde, jossa kolme hammasakselia |
| 5057 | 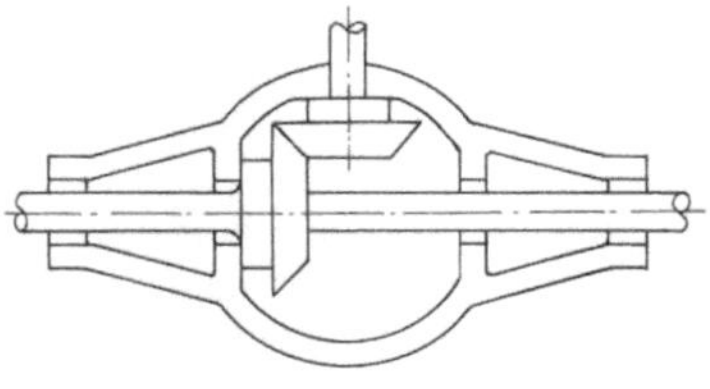 | D Achsgetriebe<br>E Caja puente<br>F Pont moteur<br>GB Axle drive<br>I Scatola differenziale<br>NL Traktietandwielkast<br>S Axelväxel<br>SF Akselivaihde |
| 5058 | 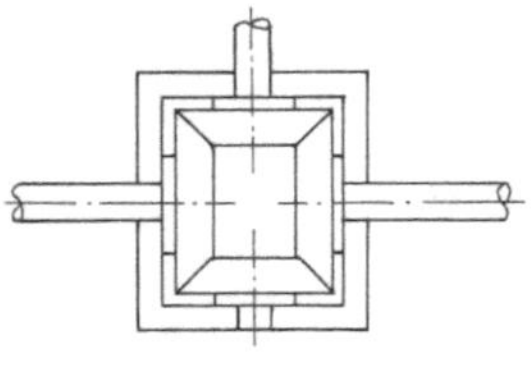 | D Differential<br>E Reductor diferencial<br>F Différentiel<br>GB Differential gear<br>I Differenziale<br>NL Differentieel<br>S Differential<br>SF Differentiaalivaihde |
| 5059 | 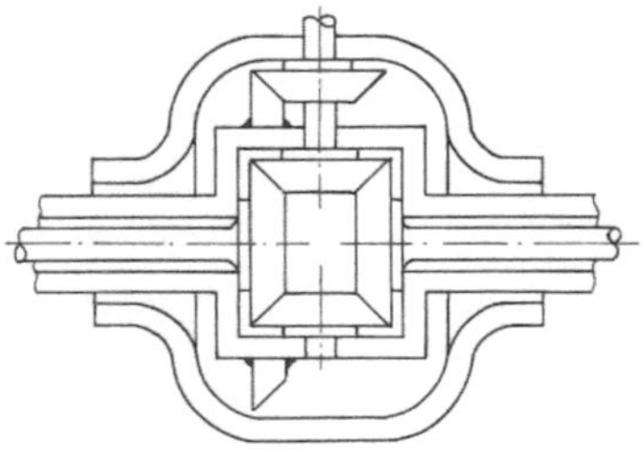 | D Achsgetriebe mit Differential<br>E Puente diferencial<br>F Pont différentiel<br>GB Axle differential gear unit<br>I Gruppo differenziale<br>NL Brug met differentieel<br>S Differentialaxelväxel<br>SF Differentiaaliakselivaihde |

| 5060 | | D Lenkgetriebe<br>E Servodirección<br>F Boîtier de direction<br>GB Steering gear unit<br>I Scatola sterzo<br>NL Stuurkast<br>S Styrväxel<br>SF Ohjausvaihde |
| --- | --- | --- |
| 5061 | | D Schrittschaltgetriebe<br>E Reductor de dirección<br>F Réducteur à pas indexé<br>GB Indexing gear unit<br>I Riduttore unidirezionale<br>NL Indexeermechanisme<br>S Indexeringsväxel<br>SF Askeleittain toimiva vaihde |
| 5062 | | D Stirnrad<br>E Rueda cilíndrica<br>F Roue cylíndrique<br>GB Cylindrical gear<br>I Ruota cilindrica<br>NL Cilindrisch wiel<br>S Cylindriskt kugghjul<br>SF Lieriöhammaspyörä |
| 5063 | | D Kegelrad<br>E Rueda cónica<br>F Roue conique<br>GB Bevel gear<br>I Ruota conica<br>NL Kegelwiel<br>S Koniskt kugghjul<br>SF Kartiohammaspyörä |
| 5064 | | D Schnecke<br>E Tornillo sinfín<br>F Vis sans fin<br>GB Worm<br>I Vite<br>NL Worm<br>S Snäcka<br>SF Kierukka |

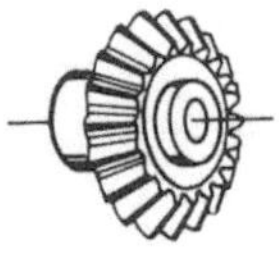

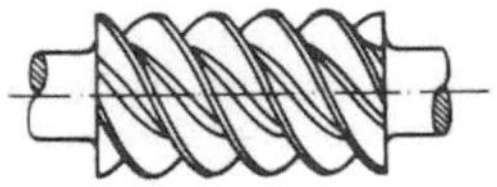

| | | |
|---|---|---|
| **5065** | | D Schneckenrad<br>E Rueda para tornillo sinfín<br>F Roue à vis sans fin<br>GB Wormwheel<br>I Ruota a vite<br>NL Wormwiel<br>S Snäckhjul<br>SF Kierukkapyörä |
| **5066** | | D Sonnenrad<br>E Rueda solar<br>F Roue solaire<br>GB Sun wheel<br>I Ruota solare<br>NL Zonnewiel<br>S Solhjul<br>SF Aurinkopyörä |
| **5067** | | D Hohlrad eines Planetengetriebes<br>E Corona dentada<br>F Couronne<br>GB Annulus<br>I Corona<br>NL Ringwiel<br>S Annulusring<br>SF Kehäpyörä |
| **5068** | | D Planetenrad<br>E Pinón satélite<br>F Roue satellite<br>GB Planet gear<br>I Ruota planetaria<br>NL Planeetwiel<br>S Planethjul<br>SF Planeettapyörä |
| **5069** | | D Getriebe mit Übersetzung $i = 1$<br>E Reductor con relación $i = 1$<br>F Ensemble à engrenages au rapport $i = 1$<br>GB Gear unit with ratio $i = 1$<br>I Rinvio (o riduttore con rapporto $i = 1$)<br>NL Tandwielkast met verhouding $i = 1$<br>S Växel $i = 1$<br>SF Hammasvaihde $i = 1$ |

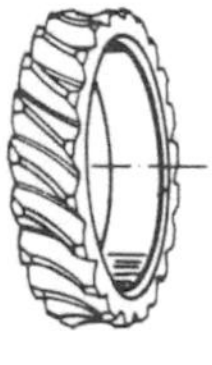

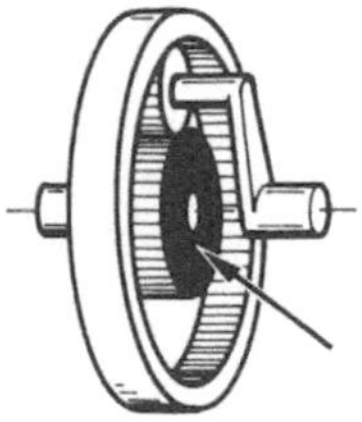

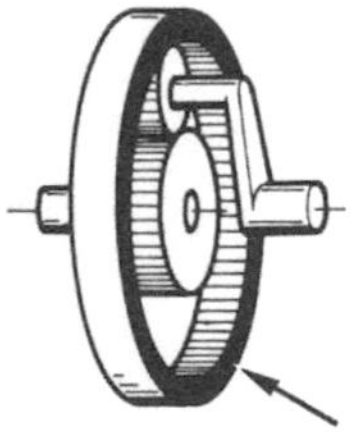

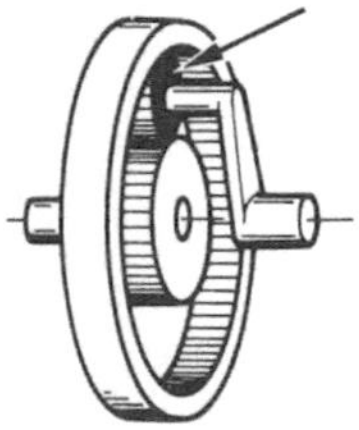

| | | |
|---|---|---|
| | | |
| **5100** | | D Innenteile<br>E Componentes internos<br>F Composants internes<br>GB Internal components<br>I Componenti interni<br>NL Inwendige onderdelen<br>S Inre komponenter<br>SF Sisäosat |
| **5101** | | D Ritzelwelle<br>E Piñón-eje<br>F Pignon arbré<br>GB Integral pinion shaft<br>I Pignone cilindrico (alberato)<br>NL Rondselas<br>S Drevaxel<br>SF Hammasakseli |
| **5102** | | D Geradverzahnte Ritzelwelle<br>E Piñón-eje con dentado recto<br>F Pignon arbré à denture droite<br>GB Integral spur pinion shaft<br>I Pignone cilindrico diritto (alberato)<br>NL Rondselas met rechte vertanding<br>S Drevaxel med rak kugg<br>SF Suorahampainen hammasakseli |
| **5103** | | D Schrägverzahnte Ritzelwelle<br>E Piñón-eje con dentado helicoidal<br>F Pignon arbré à denture hélicoïdale<br>GB Integral helical pinion shaft<br>I Pignone cilindrico elicoidale (alberato)<br>NL Rondselas met schroefvertanding<br>S Drevaxel med snedkugg<br>SF Vinohampainen hammasakseli |

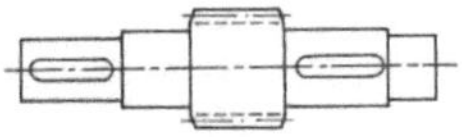

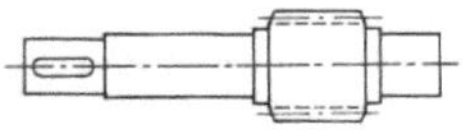

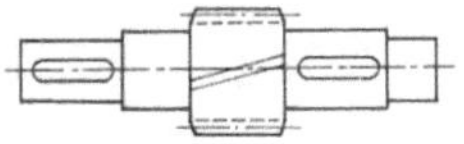

| 5104 | | D   Doppelschrägverzahnte Ritzelwelle<br>E   Piñón-eje con dentado doble helicoidal<br>F   Pignon arbré à denture double hélicoïdale<br>GB  Integral double helical pinion shaft<br>I   Pignone cilindrico bielicoidale (alberato)<br>NL  Rondselas met dubbele schroefvertanding<br>S   Drevaxel med dubbel snedkugg<br>SF  Kaksoisvinohampainen hammasakseli |
|---|---|---|
| 5105 | | D   Kegelritzelwelle<br>E   Piñón-eje cónico<br>F   Pignon conique arbré<br>GB  Integral bevel pinion shaft<br>I   Pignone conico (alberato)<br>NL  Kegelrondselas<br>S   Drevaxel med konisk kugg<br>SF  Kartiohammasakseli |
| 5106 | | D   Geradverzahnte Kegelritzelwelle<br>E   Piñón-eje cónico con dentado recto<br>F   Pignon conique arbré à denture droite<br>GB  Integral bevel pinion shaft with straight teeth<br>I   Pignone conico diritto (alberato)<br>NL  Recht kegelrondselas<br>S   Drevaxel med konisk rak kugg<br>SF  Suorahampainen kartiohammasakseli |
| 5107 | | D   Spiralverzahnte Kegelritzelwelle<br>E   Piñón-eje cónico con dentado espiral<br>F   Pignon conique arbré à denture spirale<br>GB  Integral bevel pinion shaft with spiral teeth<br>I   Pignone conico a spirale<br>NL  Kegelrondselas met spiraalvertanding<br>S   Drevaxel med konisk spiralkugg<br>SF  Kaarihampainen kartiohammasakseli |
| 5108 | | D   Planetenachse<br>E   Eje satélite<br>F   Satellite arbré<br>GB  Integral planet wheel shaft<br>I   Satelliti (alberati)<br>NL  Planeetwielas (uit één stuk)<br>S   Planethjul med axel<br>SF  Planeettahammasakseli |

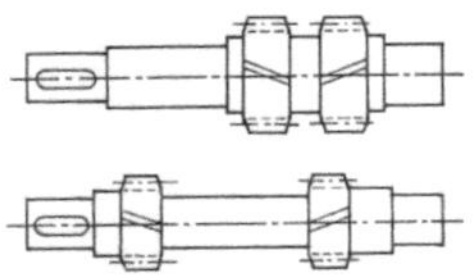

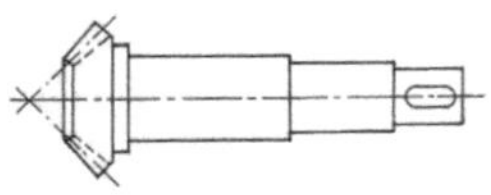

| 5109 | | D Schneckenwelle<br>E Husillo sinfín<br>F Vis tangente arbrée<br>GB Integral worm shaft<br>I Vite (alberata)<br>NL Worm-as<br>S Snäckaxel<br>SF Kierukka-akseli |
|---|---|---|
| 5110 | | D Formwelle<br>E Piñón múltiple<br>F Pignon étagé<br>GB Integral stepped gear shaft<br>I Ruota multipla<br>NL Traprondselas<br>S Kuggaxel i trappsteg<br>SF Hammasakseli, jossa useita hammastuksia |
| 5111 | | D Zahnrad (oder Zahnritzel) aus Stahlguß oder Grauguß<br>E Rueda (o piñón) de acero moldeado o hierro fundido<br>F Roue (ou pignon) en acier ou fonte moulée<br>GB Wheel (or pinion) in cast steel or cast iron<br>I Ruota (o pignone) di acciaio fuso o ghisa<br>NL Gietstalen of gietijzeren tandwiel (of rondsel)<br>S Hjul eller drev i stålgjutgods eller gjutjärn<br>SF Hammaspyörä (-akseli) valuteräksestä tai -raudasta |
| 5112 | | D Zahnrad (oder Zahnritzel) aus Schmiedestahl oder Preßstahl<br>E Rueda (o piñón) de acero forjado<br>F Roue (ou pignon) en acier forgé ou estampé<br>GB Wheel (or pinion) in forged or stamped steel<br>I Ruota (o pignone) di acciaio fucinato o stampato<br>NL Smeedstalen of vormgesmeed tandwiel (of rondsel)<br>S Hjul eller drev i smide<br>SF Hammaspyörä (-akseli) takeesta tai muottitakeesta |
| 5113 | | D Zahnrad (oder Zahnritzel) aus Walzstahl<br>E Rueda (o piñón) de acero laminado<br>F Roue (ou pignon) en acier laminé<br>GB Wheel (or pinion) in rolled steel<br>I Ruota (o pignone) di acciaio laminato<br>NL Tandwiel (of rondsel) uit gewalst staal<br>S Hjul eller drev av rundstång<br>SF Hammaspyörä (-akseli) valssatusta teräksestä |

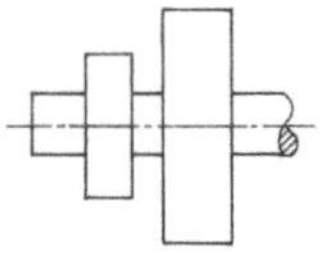

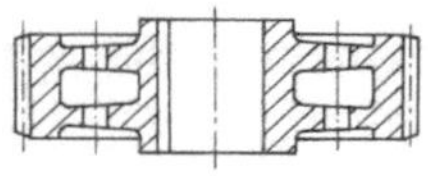

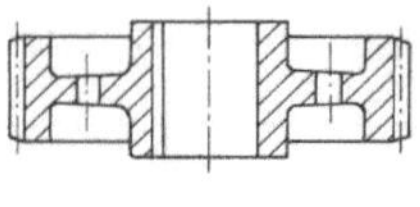

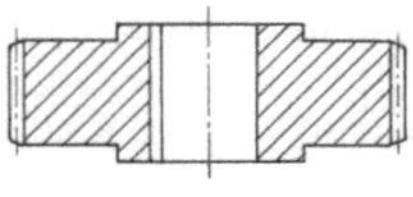

| 5114 | | D  Zahnrad (oder Zahnritzel) aus legiertem Stahl<br>E   Rueda (o piñón) de acero aleado<br>F   Roue (ou pignon) en acier allié<br>GB Wheel (or pinion) in alloy steel<br>I   Ruota (o pignone) di acciaio legato<br>NL Gelegeerd stalen tandwiel (of rondsel)<br>S   Hjul eller drev i legerat stål<br>SF Hammaspyörä (-akseli) seostetusta teräksestä |
|---|---|---|
| 5115 | | D  Geschweißtes Zahnrad aus Stahl<br>E   Rueda de acero soldado<br>F   Roue en acier soudé<br>GB Fabricated steel wheel<br>I   Ruota di acciaio legato saldato<br>NL Gelast stalen tandwiel<br>S   Hjul eller drev i svetsat utförande<br>SF Hitsausrakenteinen hammaspyörä |
| 5116 | | D  Zahnrad aus Stahlguß oder Grauguß mit aufgeschrumpfter Bandage<br>E   Rueda con núcleo de fundición o acero moldeado y llanta calada<br>F   Roue frettée avec centre en fonte ou en acier moulé<br>GB Wheel with cast iron or cast steel centre and fitted rim<br>I   Corona calettata su mozzo di acciaio fuso o ghisa<br>NL Tandwiel met gietijzeren of stalen naaf en opgekrompen krans<br>S   Hjul med nav av gjutstål med påkrympt kuggkrans<br>SF Hammaspyörä, jossa valuteräsnavalle tai valurautanavalle kutistettu hammaskehä |
| 5117 | | D  Geschweißtes Zahnrad aus Stahl mit aufgeschrumpfter Bandage<br>E   Rueda con núcleo de acero soldado y llanta calada<br>F   Roue frettée avec centre en acier soudé<br>GB Wheel with fabricated centre and fitted rim<br>I   Corona calettata su mozzo di acciaio legato saldato<br>NL Tandwiel met gelaste naaf en opgekrompen krans<br>S   Hjul med nav i svetsat utförande och kuggkrans av stål<br>SF Hammaspyörä, jossa hitsausrakenteiselle navalle kutistettu hammaskehä |

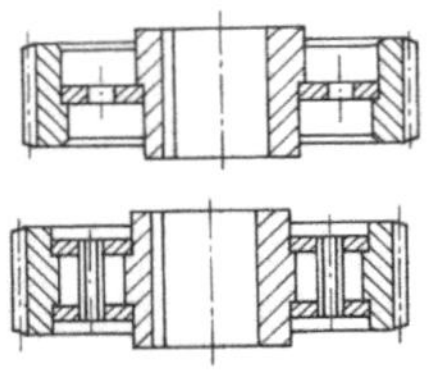

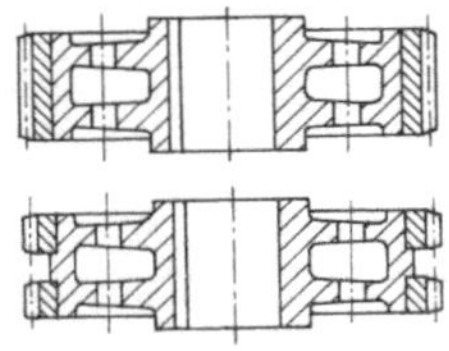

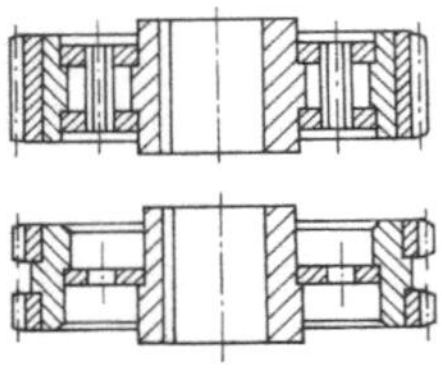

| 5118 | | D Nabe mit Zahnkranz verschraubt<br>E Rueda con llanta atornillada al núcleo<br>F Roue avec jante boulonnée<br>GB Bolted wheel<br>I Corona imbullonata su mozzo<br>NL Tandwiel met vastgeschroefde krans<br>S Hjul med påskruvad kuggkrans<br>SF Hammaspyörä, jossa hammaskehä ruuvi-kiinnitetty napaan |
|---|---|---|
| 5119 | | D Nabe<br>E Núcleo<br>F Moyeu<br>GB (Wheel or pinion) centre<br>I Mozzo<br>NL Naaf<br>S Nav<br>SF Napa |
| 5120 | | D Zahnkranz<br>E Corona dentada<br>F Couronne<br>GB Gear rim<br>I Corona<br>NL Ringwiel<br>S Kuggkrans<br>SF Hammaskehä |
| 5121 | | D Zahnkranz, außenverzahnt<br>E Corona dentada exterior<br>F Couronne à denture extérieure<br>GB Gear rim with external teeth<br>I Corona a dentatura esterna<br>NL Tandkrans met uitwendige vertanding<br>S Kuggkrans med ytterkugg<br>SF Ulkohammaskehä |
| 5122 | | D Zahnkranz, innenverzahnt<br>E Corona dentada interior<br>F Couronne à denture intérieure<br>GB Gear rim with internal teeth<br>I Corona a dentatura interna<br>NL Tandkrans met inwendige vertanding<br>S Kuggkrans med innerkugg<br>SF Sisähammaskehä |

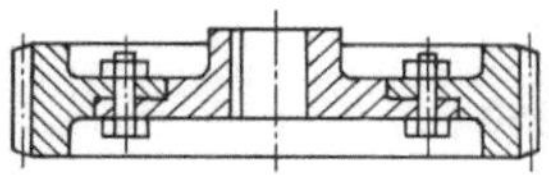

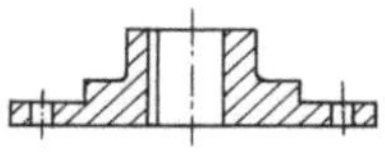

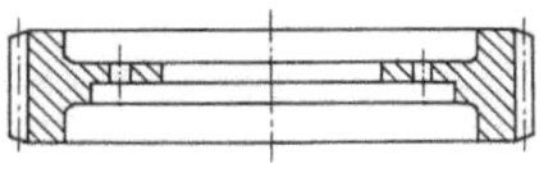

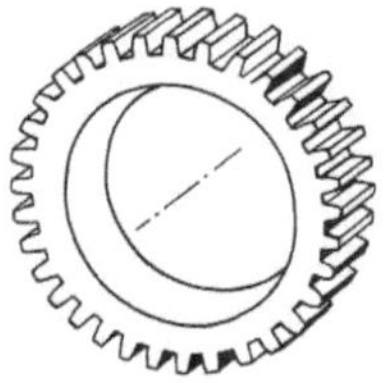

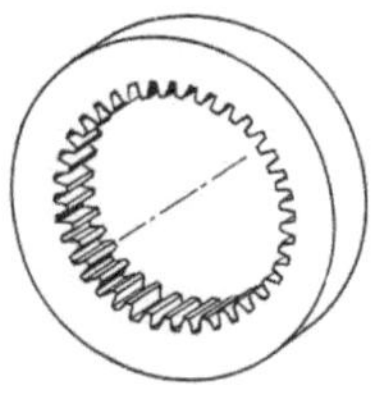

| | | |
|---|---|---|
| **5123** | | D Zahnkranz, innen- und außenverzahnt<br>E Corona dentada exterior e interior<br>F Couronne à denture extérieure et intérieure<br>GB Gear rim with external and internal teeth<br>I Corona a dentatura esterna ed interna<br>NL Tandkrans met uit-en inwendige vertanding<br>S Kuggkrans med inner- och ytterkugg<br>SF Ulko-sisähammaskehä |
| **5124** | | D Geteilter Zahnkranz, n-Teile<br>E Corona compuesta de "n" segmentos<br>F Couronne en n parties<br>GB Sectional gear rim<br>I Corona composta in n parti<br>NL Gedeeld ringwiel<br>S Delad kuggkrans<br>SF Jaettu hammaskehä |
| **5125** | | D Verschiebbare Klauenkupplung<br>E Cambio de velocidades<br>F Train baladeur<br>GB Change gear train (dog clutch)<br>I Dispositivo di innesto ad ingranaggi (treno ballerino)<br>NL Verschuifbare tandkoppeling<br>S Axiellt frikopplingsbart kuggjulspar<br>SF Siirrettävä irrotuskytkin |
| **5126** | A | D Kupplungsring<br>E Corredera<br>F Baladeur<br>GB Clutch ring<br>I Manicotto di innesto<br>NL Verschuifbare koppelbus<br>S Frikopplingsstycke<br>SF Siirrettävä kytkinosa |
| **5127** | B | D Schaltklaue<br>E Acoplamiento dentado<br>F Crabot<br>GB Clutch hub<br>I Dentatura di innesto<br>NL Klauwkoppeling<br>S Klokoppling<br>SF Kytkinhammastus |

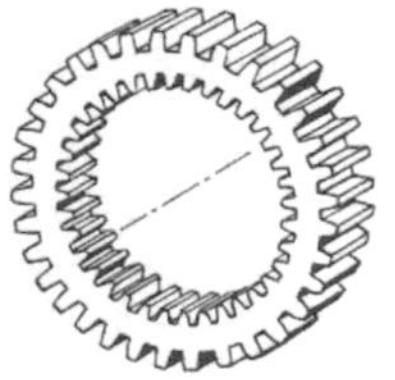

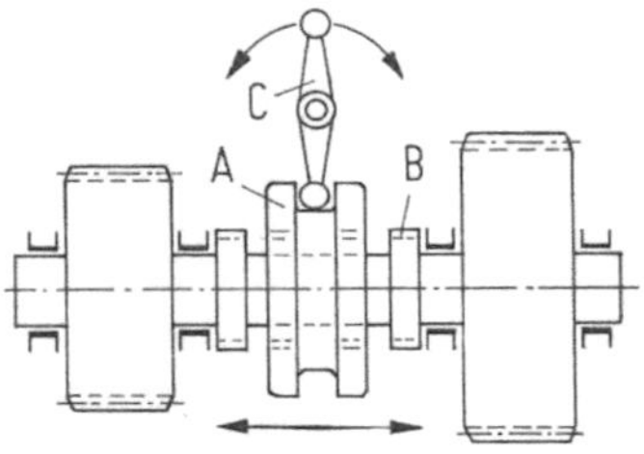

| 5128 | C | D Schaltgabel<br>E Horquilla de mando<br>F Fourchette de commande<br>GB Clutch fork<br>I Forcella di comando<br>NL Vorkhefboom<br>S Gaffel<br>SF Vaihtovipu |
| --- | --- | --- |
| 5129 | | D Synchronring<br>E Anillo de sincronización<br>F Bague de synchronisation<br>GB Synchroniser ring<br>I Anello di sincronizzazione<br>NL Synchronizatie-ring<br>S Synkroniseringsring<br>SF Synkronointirengas |
| 5130 | | D Verzahnung<br>E Dentado tallado<br>F Denture taillée<br>GB Cut teeth<br>I Dentatura tagliata<br>NL Vertanding<br>S Skuren kugg<br>SF Työstetty hammastus |
| 5131 | | D Gefräste Verzahnung<br>E Dentado tallado con fresa madre<br>F Denture taillée par fraise mère<br>GB Hobbed teeth<br>I Dentatura tagliata con creatore<br>NL Met afwikkelfrees gefreesde vertanding<br>S Fräst kugg<br>SF Vierintäjyrsitty hammastus |
| 5132 | | D Mit Zahnstange erzeugte Verzahnung<br>E Dentado tallado con peine o cremallera<br>F Denture taillée par outil crémaillère<br>GB Planed teeth<br>I Dentatura tagliata con dentiera utensile<br>NL Met heugel gestoken vertanding<br>S Med kamstål hyvlad kugg<br>SF Kampaterällä työstetty hammastus |

| 5133 | | D  Mit Ritzel erzeugte Verzahnung<br>E  Dentado tallado con útil piñón<br>F  Denture taillée par outil pignon<br>GB  Shaped teeth<br>I  Dentatura tagliata con pignone utensile<br>NL  Steekrondselvertanding<br>S  Med skärhjul hyvlad kugg<br>SF  Leikkuupyörällä työstetty hammastus |
| --- | --- | --- |
| 5134 | | D  Mit Formfräser erzeugte Verzahnung<br>E  Dentado tallado con útil o fresa de forma<br>F  Denture taillée par outil de forme<br>GB  Form milled teeth<br>I  Dentatura tagliata con fresa di forma<br>NL  Profielfreesvertanding<br>S  Kuggskärning med formfräs<br>SF  Muotojyrsimellä työstetty hammastus |
| 5135 | | D  Geschmiedete Verzahnung<br>E  Dentado forjado<br>F  Denture forgée<br>GB  Forged teeth<br>I  Dentatura stampata<br>NL  Gesmede vertanding<br>S  Smidd kugg<br>SF  Taottu hammastus |
| 5136 | | D  Gegossene Verzahnung<br>E  Dentado en bruto de fundición<br>F  Denture brute de fonderie<br>GB  Cast teeth<br>I  Dentatura grezza di fusione<br>NL  Ruw gegoten vertanding<br>S  Gjuten kugg<br>SF  Valettu hammastus |
| 5137 | | D  Gerollte Verzahnung<br>E  Dentado rodado<br>F  Denture roulée<br>GB  Rolled teeth<br>I  Dentatura rullata<br>NL  Gerolde vertanding<br>S  Rullad kugg<br>SF  Valssattu hammastus |

| 5138 | | D Geschliffene Verzahnung<br>E Dentado rectificado<br>F Denture rectifiée<br>GB Profile ground teeth<br>I Dentatura rettificata<br>NL Geslepen vertanding<br>S Slipad kugg<br>SF Hiottu hammastus |
|---|---|---|
| 5139 | | D Geschabte Verzahnung<br>E Dentado afeitado<br>F Denture rasée<br>GB Shaved teeth<br>I Dentatura rasata<br>NL Geschraapte vertanding<br>S Skavd kugg<br>SF Kaavittu hammastus |
| 5140 | | D Geläppte Verzahnung<br>E Dentado lapeado<br>F Denture rodée<br>GB Lapped teeth<br>I Dentatura rodata<br>NL Gelapte vertanding<br>S Läppad kugg<br>SF Läpätty hammastus |
| | | |
| 5200 | | D Außenteile<br>E Componentes externos<br>F Composants externes<br>GB External components<br>I Uitwendige onderdelen<br>NL Onderdelen (uitwendig)<br>S Yttre komponenter<br>SF Ulkopuoliset osat |

| 5201 | | D  Gehäuse<br>E  Cárter<br>F  Carter<br>GB  Gear case<br>I  Carcassa (o cassa)<br>NL  Huis<br>S  Växelhus<br>SF  Kotelo |
|---|---|---|
| 5202 | | D  Kompaktes Gehäuse<br>E  Cárter monobloc<br>F  Carter compact<br>GB  Compact gear case<br>I  Carcassa monoblocco<br>NL  Kompakt huis<br>S  Kompakt växelhus<br>SF  Yhtenäinen kotelo |
| 5203 | | D  Gestrecktes Gehäuse<br>E  Cárter alargado<br>F  Carter déployé<br>GB  Split gear case<br>I  Carcassa monoblocco<br>NL  Ontplooid huis<br>S  Delat växelhus<br>SF  Jaettu kotelo |
| 5204.1 | | D  Gehäuse aus Gußeisen<br>E  Cárter de fundición<br>F  Carter en fonte<br>GB  Cast iron gear case<br>I  Carcassa di ghisa<br>NL  Gietijzeren huis<br>S  Växelhus av gjutjärn<br>SF  Valurautakotelo |
| 5204.2 | | D  Gehäuse aus Stahl<br>E  Cárter en acero moldeado<br>F  Carter en acier moulé<br>GB  Steel gear case<br>I  Carcassa di acciaio fuso<br>NL  Gietstalen huis<br>S  Växelhus av stålgjutsgods<br>SF  Teräskotelo |

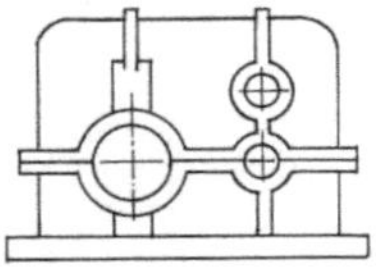

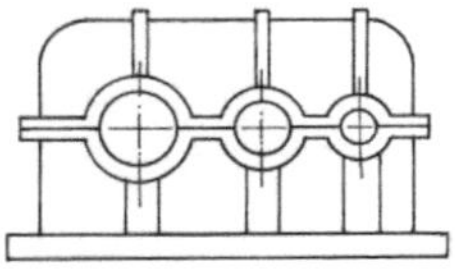

| 5204.3 | | D  Gehäuse aus geschweißtem Blech<br>E  Cárter en chapa soldada<br>F  Carter en tôle soudée<br>GB  Fabricated gear case<br>I  Carcassa di acciao legato saldato<br>NL  Gelast stalen huis<br>S  Växelhus av svetsad plåt<br>SF  Hitsattu kotelo |
|---|---|---|
| 5204.4 | | D  Gehäuse aus Leichtmetall<br>E  Cárter en aleación ligera<br>F  Carter en alliage léger<br>GB  Light alloy gear case<br>I  Carcassa di lega leggera<br>NL  Lichtmetalen huis<br>S  Växelhus av lättmetall<br>SF  Kevytmetallikotelo |
| 5204.5 | | D  Gehäuse aus Kunststoff<br>E  Cárter en plástico<br>F  Carter en matière plastique<br>GB  Gear case in plastic material<br>I  Carcassa di materiale plastico<br>NL  Kunststofhuis<br>S  Växelhus av plast<br>SF  Muovikotelo |
| 5205 | 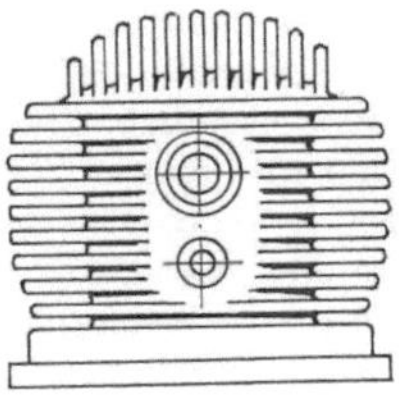 | D  Gehäuse mit (Kühl-)rippen<br>E  Cárter con aletas<br>F  Carter avec ailettes<br>GB  Finned gear case<br>I  Carcassa alettata<br>NL  Huis met (koel)-ribben<br>S  Hus med ribbor<br>SF  Rivoitettu kotelo |
| 5206.1 | 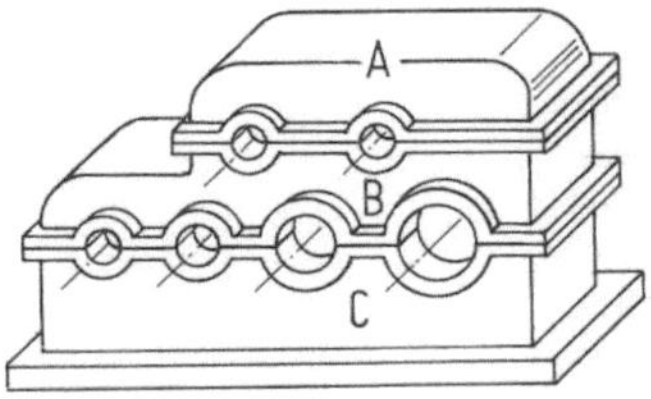 A | D  Gehäuseoberteil<br>E  Cárter superior<br>F  Carter supérieur<br>GB  Gear case upper section<br>I  Carcassa superiore<br>NL  Bovenste huissektie<br>S  Växelhus, överdel<br>SF  Kotelon yläosa |

| 5206.2 | 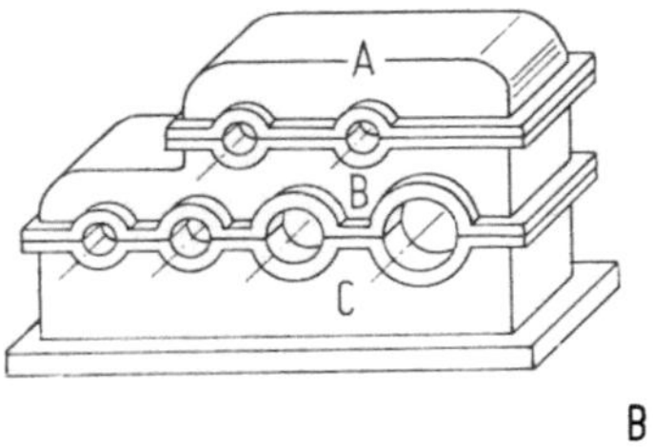  | D   Gehäusezwischenteil<br>E   Cárter intermedio<br>F   Carter intermédiaire<br>GB  Gear case middle section<br>I   Carcassa intermedia<br>NL  Tussen-huis<br>S   Växelhus, mellandel<br>SF  Kotelon keskiosa |
|---|---|---|
| 5206.3 | 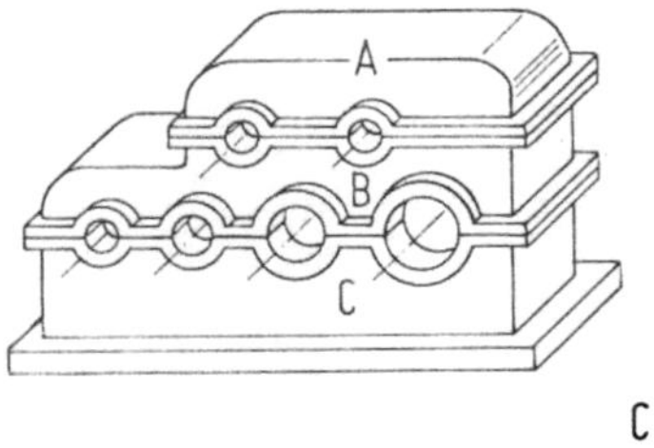  | D   Gehäuseunterteil<br>E   Cárter inferior<br>F   Carter inférieur<br>GB  Gear case bottom section<br>I   Carcassa inferiore<br>NL  Onderste huissektie<br>S   Växelhus, underdel<br>SF  Kotelon alaosa |
| 5207 | 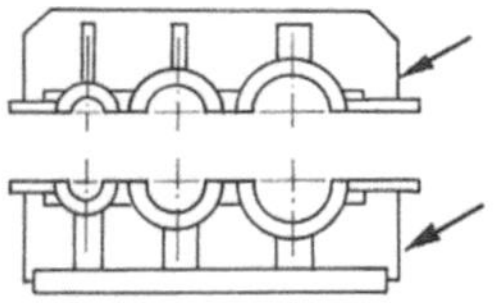 | D   Gehäusehälfte<br>E   Semicárter<br>F   Demi-carter<br>GB  Half case<br>I   Semicarcassa<br>NL  Huishelft<br>S   Växelhushalva<br>SF  Kotelon puolikas |
| 5208 | 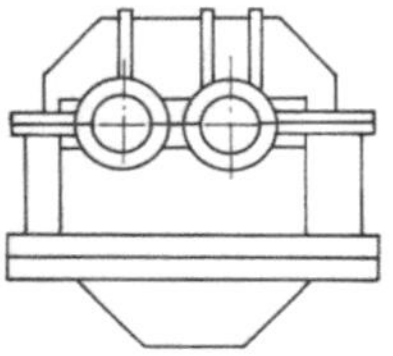 | D   Gehäuse mit Ölwanne<br>E   Cárter con depósito de aceite<br>F   Carter avec réservoir d'huile<br>GB  Gear case with sump<br>I   Carcassa con serbatoio dell'olio<br>NL  Huis met oliereservoir<br>S   Växelhus med oljesump<br>SF  Kotelo, jossa lisäöljytila |
| 5209 | 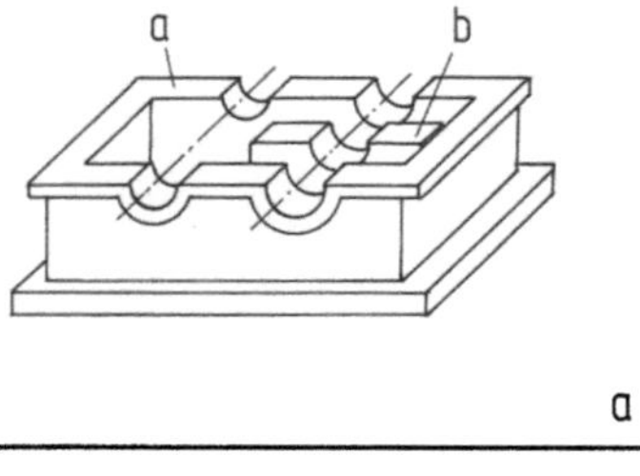  | D   Wand<br>E   Contorno exterior<br>F   Paroi<br>GB  Wall<br>I   Parete<br>NL  Zijde<br>S   Sida<br>SF  Seinämä |

| 5210 | b | D Steg<br>E Asiento interior<br>F Cloison<br>GB Web<br>I Parete di separazione<br>NL Tussenwand<br>S Vägg<br>SF Väliseinämä |
|---|---|---|
| 5211 | 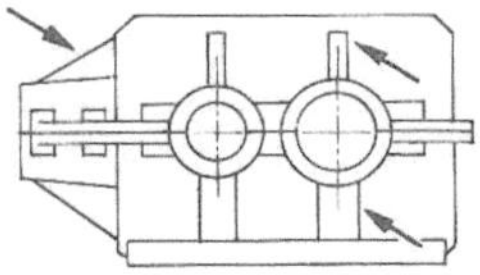  | D Verstärkungsrippe<br>E Nervios de refuerzo<br>F Nervure de renforcement<br>GB Gear case reinforcing rib<br>I Nervature di rinforzo<br>NL Verstijvingsrib<br>S Husförstärkning<br>SF Kotelon vahvike |
|  |  |  |
| 6000 |  | D Kenndaten<br>E Características<br>F Caractéristiques<br>GB Characteristics<br>I Caratteristiche<br>NL Karakteristieken<br>S Data<br>SF Tiedot |
| 6001 |  | D Dimensionen<br>E Dimensiones<br>F Dimensions<br>GB Dimensions<br>I Dimensioni<br>NL Afmetingen<br>S Mått<br>SF Mitat |

| 6002 | | D Grundfläche l×b in mm<br>E Dimensiones en planta, l×b (en mm)<br>F Encombrement au sol l×b en mm<br>GB Plan dimensions l×b in mm<br>I Ingombro in pianta l×b in mm<br>NL Grondoppervlak l×b in mm<br>S Grundyta l×b i mm<br>SF Perusta l×b mm:nä |
| --- | --- | --- |
| 6003 | | D Abmessungen l×b×h in mm<br>E Dimensiones totales l×b×h (en mm)<br>F Encombrement total l×b×h en mm<br>GB Overall dimensions l×b×h in mm<br>I Ingombro totale l×b×h in mm<br>NL Afmetingen l×b×h in mm<br>S Mått l×b×h i mm<br>SF Mitat l×b×h mm:nä |
| 6004 | | D Achshöhe<br>E Altura del eje<br>F Hauteur d'axe<br>GB Centre height<br>I Altezza dell'asse<br>NL Aslijnhoogte<br>S Axelhöjd<br>SF Akselikorkeus |
| 6005 | | D Achsabstand<br>E Dinstancia entre ejes<br>F Entraxe<br>GB Centre distance<br>I Interasse<br>NL Asafstand<br>S Axelavstånd<br>SF Akseliväli |
| 6006 | | D Wellenendenlänge<br>E Longitud extremo del eje<br>F Longueur du bout d'arbre<br>GB Shaft extension length<br>I Lunghezza della estremità d'albero<br>NL Lengte aseind<br>S Axeltapplängd<br>SF Akselinpään pituus |

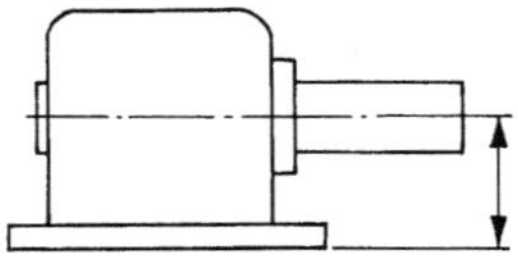

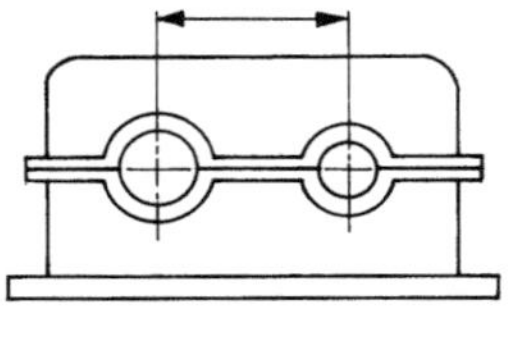

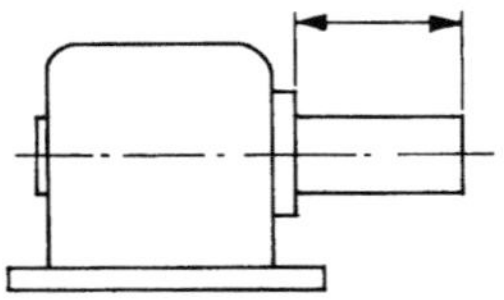

| 6007 | | D Maßstab<br>E Escala<br>F Echelle<br>GB Scale<br>I Scala<br>NL Schaal<br>S Skala<br>SF Mittakaava |
| --- | --- | --- |
| 6008 | | D Zeichnungsnummer<br>E Número del plano<br>F Numéro du plan<br>GB Drawing number<br>I Numero del disegno<br>NL Tekeningsnummer<br>S Ritningsnummer<br>SF Piirustusnumero |
| 6009 | | D Schnitt<br>E Sección<br>F Section<br>GB Section<br>I Sezione<br>NL Doorsnede<br>S Snitt<br>SF Leikkaus |
| 6010 | | D Ansicht<br>E Vista<br>F Vue<br>GB View<br>I Vista<br>NL Aanzicht<br>S Vy<br>SF Suunta |
| 6011 | | D Typenschild<br>E Placa de características<br>F Plaque signalétique<br>GB Name plate<br>I Targa di identificazione<br>NL Kenmerkenplaat<br>S Märkskylt<br>SF Vaihdekilpi |

| 6012 | | D Ersatzteil<br>E Pieza de recambio<br>F Pièce de rechange<br>GB Spare part<br>I Pezzi di ricambio<br>NL Reservedeel<br>S Reservdel<br>SF Varaosat |
|---|---|---|
| 6013 | | D Ersatzteilliste<br>E Lista de piezas de recambio<br>F Liste de pièces de rechange<br>GB Spare parts list<br>I Elenco dei pezzi di ricambio<br>NL Lijst van reservedelen<br>S Reservdelslista<br>SF Varaosaluettelo |
| 6014 | | D Ersatzteilnummer<br>E Número de la pieza de recambio<br>F Numero de la pièce de rechange<br>GB Spare parts number<br>I Numero del pezzo di ricambio<br>NL Reservedeelnummer<br>S Reservdelsnummer<br>SF Varaosanumero |
| 6015 | | D Stückzahl<br>E Cantidad<br>F Nombre de<br>GB Quantity<br>I Quantità<br>NL Aantal<br>S Antal<br>SF Lukumäärä |
| 6016 | kW | D Leistung<br>E Potencia<br>F Puissance<br>GB Power<br>I Potenza<br>NL Vermogen<br>S Effekt<br>SF Teho |

| | | |
|---|---|---|
| **6017** | | D   Motorleistung<br>E   Potencia del motor<br>F   Puissance moteur<br>GB  Motor power<br>I   Potenza motore<br>NL  Motorvermogen<br>S   Motoreffekt<br>SF  Moottoriteho |
| **6018** | | D   Nenn-Antriebsleistung<br>E   Potencia nominal a la entrada<br>F   Puissance nominale sur l'arbre d'entrée<br>GB  Nominal input power<br>I   Potenza nominale in entrata<br>NL  Nominaal ingaand vermogen<br>S   Nominell ingående effekt<br>SF  Nimellinen ensiöteho |
| **6019** | | D   Nenn-Abtriebsleitung<br>E   Potencia nominal a la salida<br>F   Puissance nominale sur l'arbre de sortie<br>GB  Nominal output power<br>I   Potenza nominale in uscita<br>NL  Nominal uitgaand vermogen<br>S   Nominell utgående effekt<br>SF  Nimellinen toisioteho |
| **6020** | | D   Effektive Leistung<br>E   Potencia absorbida<br>F   Puissance absorbée<br>GB  Absorbed power<br>I   Potenza assorbita<br>NL  Effektief vermogen<br>S   Överförd effekt<br>SF  Käyttöteho |
| **6021** | | D   Thermische Leistung<br>E   Potencia térmica<br>F   Puissance thermique<br>GB  Thermal power<br>I   Potenza termica<br>NL  Termisch vermogen<br>S   Termisk effekt<br>SF  Terminen teho |

| 6022 | $T\ [Nm]$ | D Drehmoment<br>E Par<br>F Couple<br>GB Torque<br>I Momento torcente<br>NL Koppel<br>S Vridmoment<br>SF Momentti |
|---|---|---|
| 6023 | | D Nenn-Antriebsdrehmoment<br>E Par nominal sobre el eje de entrada<br>F Couple nominal sur l'arbre d'entrée<br>GB Nominal input torque<br>I Momento torcente nominale in entrata<br>NL Nominaal ingaand koppel<br>S Ingångsmoment<br>SF Nimellinen ensiömomentti |
| 6024 | | D Nenn-Abtriebsdrehmoment<br>E Par nominal sobre el eje de salida<br>F Couple nominal sur l'arbre de sortie<br>GB Nominal output torque<br>I Momento torcente nominale in uscita<br>NL Nominaal uitgaand koppel<br>S Utgående moment<br>SF Nimellinen toisiomomentti |
| 6025 | | D Spitzendrehmoment<br>E Par de punta<br>F Couple de pointe<br>GB Peak torque<br>I Momento torcente massimo istantaneo<br>NL Piekkoppel<br>S Spetsmoment<br>SF Huippumomentti |
| 6026 | $i$ | D Übersetzungsverhältnis<br>E Relación de transmisión<br>F Rapport de transmission<br>GB Transmission speed ratio<br>I Rapporto di trasmissione<br>NL Transmissieverhouding<br>S Utväxlingsförhållande<br>SF Välityssuhde |

| 6027 | $i > 1$ | D | Übersetzung ins Langsame |
| | | E | Relación de reducción |
| | | F | Rapport de réduction |
| | | GB | Speed reducing ratio |
| | | I | Rapporto di riduzione |
| | | NL | Vertragingsverhouding |
| | | S | Utväxling |
| | | SF | Alentava välityssuhde |

| 6028 | $i = 1$ | D | Gleiche Übersetzung $1 = 1$ |
| | | E | Relación de transmisión $1 = 1$ |
| | | F | Rapport de transmission égal à un |
| | | GB | One to one speed ratio |
| | | I | Rapporto di trasmissione uguale a 1 |
| | | NL | Transmissieverhouding 1 op 1 |
| | | S | Utväxling $1 = 1$ |
| | | SF | Välityssuhde $1 = 1$ |

| 6029 | $i < 1$ | D | Übersetzung ins Schnelle |
| | | E | Relación de multiplación |
| | | F | Rapport de multiplication |
| | | GB | Speed increasing ratio |
| | | I | Rapporto di moltiplicazione |
| | | NL | Versnellingsverhouding |
| | | S | Uppväxling |
| | | SF | Ylentävä välityssuhde |

| 6030 | $i_1 \; i_2 \; i_3 \cdots i_n$ | D | Mehrfachübersetzung |
| | | E | Relación de transmisión múltiple |
| | | F | Rapport de transmission multiple |
| | | GB | Multiple speed ratio |
| | | I | Rapporto di velocità multiplo |
| | | NL | Meervoudige transmissieverhouding |
| | | S | Flerstegsutväxling |
| | | SF | Useita välityssuhteita |

| 6031 | $n\,[\mathrm{s}^{-1}]$ $n\,[\mathrm{min}^{-1}]$ | D | Drehzahlen, pro Sekunde, pro Minute |
| | | E | Número de revoluciones, por segundo (r.p.s), por minuto (r.p.m.) |
| | | F | Nombre de tour, par seconde, par minute |
| | | GB | Revolutions, per second, per minute |
| | | I | Numero di giri, al secondo, al minuto |
| | | NL | Toerental, per sekonde, per minuut |
| | | S | Varvtal, per sekund, per minut |
| | | SF | Pyörimisnopeus, sekunnissa, minuutissa |

| 6032 | $n_1\,[\text{min}^{-1}]$ | D | Antriebsdrehzahl |
| | | E | Velocidad de entrada |
| | | F | Nombre de tours à l'entrée |
| | | GB | Input speed |
| | | I | Numero di giri in entrata (giri/min) |
| | | NL | Ingaand toerental |
| | | S | Ingångsvarvtal |
| | | SF | Ensiöpyörimisnopeus |
| 6033 | $n_2\,[\text{min}^{-1}]$ | D | Abtriebsdrehzahl |
| | | E | Velocidad de salida |
| | | F | Nombre de tours à la sortie |
| | | GB | Output speed |
| | | I | Numero di giri in uscita (giri/min) |
| | | NL | Uitgaand toerental |
| | | S | Utgångsvarvtal |
| | | SF | Toisiopyörimisnopeus |
| 6034 | $\omega\,[\text{rad s}^{-1}]$ | D | Winkelgeschwindigkeit |
| | | E | Velocidad angular |
| | | F | Vitesse angulaire |
| | | GB | Angular speed |
| | | I | Velocità angolare |
| | | NL | Hoeksnelheid |
| | | S | Vinkelhastighet |
| | | SF | Kulmanopeus |
| 6035 | $v\,[\text{ms}^{-1}]$ | D | Tangentialgeschwindigkeit |
| | | E | Velocidad tangencial |
| | | F | Vitesse tangentielle |
| | | GB | Tangential speed |
| | | I | Velocità tangenziale (o periferica) |
| | | NL | Tangentiaalsnelheid |
| | | S | Tangentiell hastighet |
| | | SF | Kehänopeus |
| 6036 | | D | Bauart |
| | | E | Tipo de aparato |
| | | F | Type d'appareil |
| | | GB | Type |
| | | I | Tipo |
| | | NL | Type |
| | | S | Typ |
| | | SF | Tyyppi |

| 6037 |  | D Größe<br>E Tamaño<br>F Taille<br>GB Size<br>I Grandezza<br>NL Grootte<br>S Storlek<br>SF Koko |
| --- | --- | --- |
| 6038 |  | D Getriebenummer<br>E Número de fabricación<br>F Numéro de fabrication<br>GB Serial number<br>I Numero di fabbricazione<br>NL Fabricagenummer<br>S Tillverkningsnummer<br>SF Valmistusnumero |
| 6039 | kg | D Masse<br>E Masa<br>F Masse<br>GB Mass<br>I Massa<br>NL Massa<br>S Massa<br>SF Massa |
| 6040 | N | D Gewicht<br>E Peso<br>F Poids<br>GB Weight<br>I Peso<br>NL Gewicht<br>S Vikt<br>SF Paino |
| 6041 | $K_A$ | D Anwendungsfaktor<br>E Factor de aplicación<br>F Facteur d'application<br>GB Application factor<br>I Fattore di applicazione<br>NL Toepassingsfaktor<br>S Driftfaktor<br>SF Sysäyskerroin |

| | | |
|---|---|---|
| **6042** | $K_{SF}$ | D  Servicefaktor<br>E  Factor de servicio<br>F  Facteur de service<br>GB  Service factor<br>I  Fattore di servizio<br>NL  Bedrijfsfaktor<br>S  Servicefaktor<br>SF  Käyttökerroin |
| **6043** | $\eta$ | D  Wirkungsgrad<br>E  Rendimiento<br>F  Rendement<br>GB  Efficiency<br>I  Rendimento<br>NL  Rendement<br>S  Verkningsgrad<br>SF  Hyötysuhde |
| **6044** | | D  Antriebsmotor<br>E  Máquina motriz<br>F  Moteur d'entrainement<br>GB  Prime mover<br>I  Motore principale<br>NL  Aandrijfmotor<br>S  Drivmotor<br>SF  Käyttävä kone |
| **6045.0** | | D  Elektromotor<br>E  Motor eléctrico<br>F  Moteur électrique<br>GB  Electric motor<br>I  Motore elettrico<br>NL  Elektromotor<br>S  Elektrisk motor<br>SF  Sähkömoottori |
| **6045.1** | $\sim$ | D  Wechselstrommotor<br>E  Motor eléctrico corriente alterna<br>F  Moteur courant alternatif<br>GB  Alternating current motor<br>I  Motore elettrico a corrente alternata<br>NL  Wisselstroom-motor<br>S  Växelströmsmotor<br>SF  Vaihtovirtamoottori |

| 6045.2 | | D Gleichstrommotor<br>E Motor eléctrico corriente continua<br>F Moteur courant continu<br>GB Direct current motor<br>I Motore elettrico a corrente continua<br>NL Gelijkstroom-motor<br>S Likströmsmotor<br>SF Tasavirtamoottori |
|---|---|---|
| 6046.0 | | D Verbrennungsmotor<br>E Motor de combustión interna<br>F Moteur thermique<br>GB Internal combustion engine<br>I Motore endotermico<br>NL Verbrandingsmotor<br>S Förbränningsmotor<br>SF Polttomoottori |
| 6046.1 | | D Anzahl der Zylinder<br>E Número de cilindros<br>F Nombre de cylindres<br>GB Number of cylinders<br>I Numero di cilindri<br>NL Aantal cilinders<br>S Antal cylindrar<br>SF Sylinterien lukumäärä |
| 6046.2 | | D Zwei- oder Viertakt<br>E Dos o cuatro tiempos<br>F Deux ou quatre temps<br>GB Two or four stroke<br>I Due o quattro tempi<br>NL Twee- of viertakt<br>S Två-eller-fyrtakt<br>SF Kaksi- tai nelitahtinen |
| 6047.0 | | D Hydromotor<br>E Motor hidráulico<br>F Moteur hydraulique<br>GB Hydraulic motor<br>I Motore idraulico<br>NL Hydraulische motor<br>S Hydraulisk motor<br>SF Hydraulimoottori |

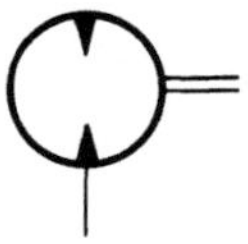

| 6047.1 | | D  Hydro-Zahnradmotor<br>E  Motor hidráulico de engranajes<br>F  Moteur hydraulique à engrenages<br>GB  Hydraulic motor, gear type<br>I  Motore idraulico ad ingranaggi<br>NL  Hydraulische motor met tandwielen<br>S  Hydraulisk motor av kugghjulstyp<br>SF  Hammaspyörähydraulimoottori |
| 6047.2 | | D  Hydro-Radialkolbenmotor<br>E  Motor hidráulico de pistones radiales<br>F  Moteur hydraulique à pistons radiaux<br>GB  Hydraulic motor, radial piston type<br>I  Motore idraulico a pistoni radiali<br>NL  Hydraulische motor met radiale zuigers<br>S  Hydraulisk motor av radialkolvtyp<br>SF  Radiaalimäntähydraulimoottori |
| 6047.3 | | D  Hydro-Axialkolbenmotor<br>E  Motor hidráulico de pistones axiales<br>F  Moteur hydraulique à pistons axiaux<br>GB  Hydraulic motor, axial piston type<br>I  Motore idraulico a pistoni assiali<br>NL  Hydraulische motor met axiale zuigers<br>S  Hydraulisk motor av axialkolvtyp<br>SF  Aksiaalimäntähydraulimoottori |
| 6048.0 | | D  Druckluftmotor<br>E  Motor neumático<br>F  Moteur pneumatique<br>GB  Air motor<br>I  Motore pneumatico<br>NL  Pneumatische motor<br>S  Luftmotor<br>SF  Paineilmamoottori |
| 6048.1 | | D  Druckluft-Zahnradmotor<br>E  Motor neumático de engranajes<br>F  Moteur pneumatique à engrenages<br>GB  Air motor, gear type<br>I  Motore pneumatico ad ingranaggi<br>NL  Pneumatische motor met tandwielen<br>S  Luftmotor av kugghjulstyp<br>SF  Hammaspyöräpaineilmamoottori |

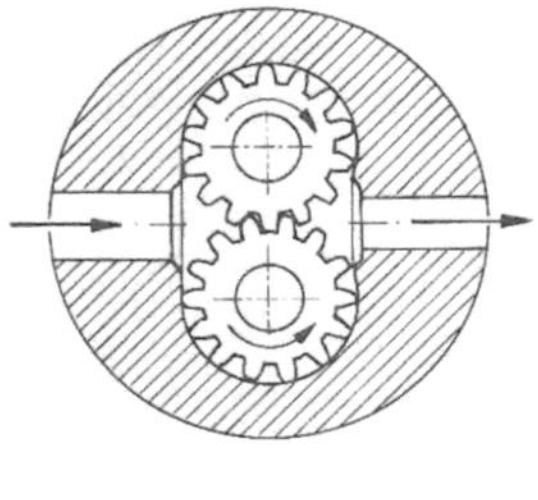

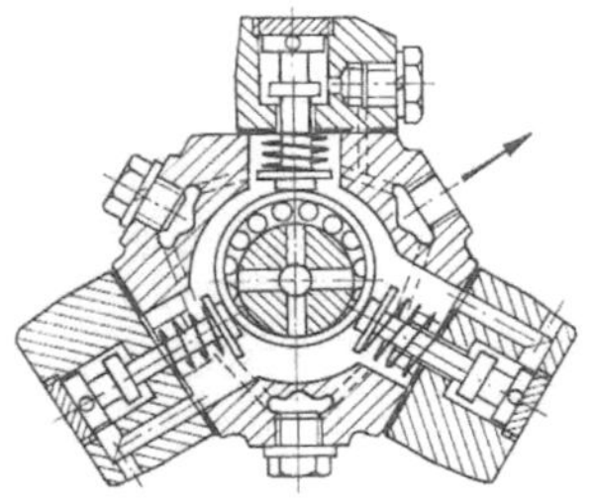

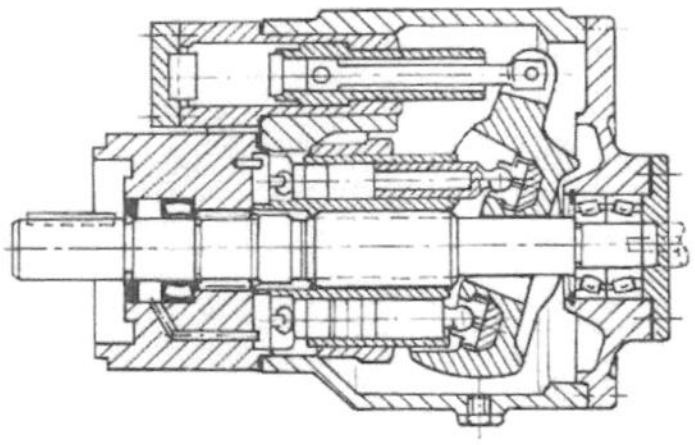

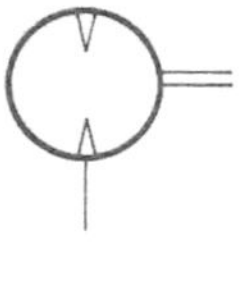

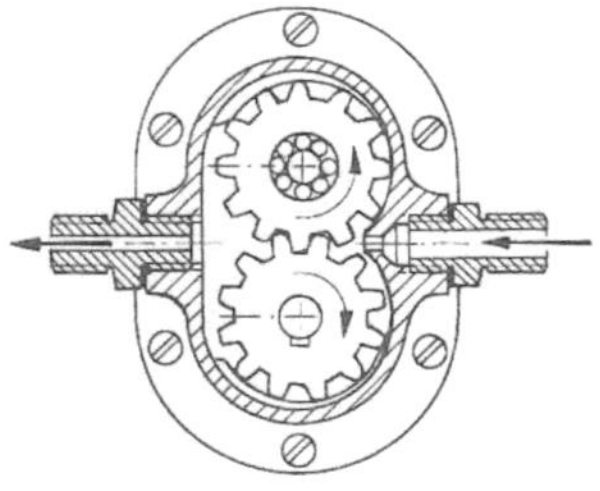

| 6048.2 | 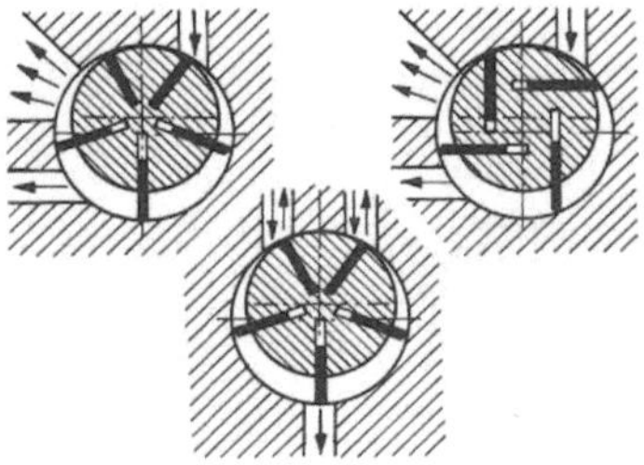 | D  Druckluft-Lamellenmotor<br>E  Motor neumático de paletas<br>F  Moteur pneumatique à palettes<br>GB  Vane air motor<br>I  Motore pneumatico a palette<br>NL  Pneumatische schoepenmotor<br>S  Luftmotor av vingtyp<br>SF  Lamellipaineilmamoottori |
| 6048.3 | 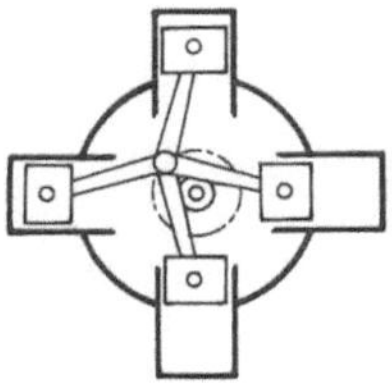 | D  Druckluft-Kolbenmotor<br>E  Motor neumático de pistones<br>F  Moteur pneumatique à pistons<br>GB  Air motor, piston type<br>I  Motore pneumatico a pistoni<br>NL  Pneumatische motor met zuigers<br>S  Luftmotor av radialkolvtyp<br>SF  Mäntäpaineilmamoottori |
| 6048.4 | | D  Druckluft-Turbine<br>E  Motor neumático centrífugo<br>F  Moteur pneumatique centrífuge<br>GB  Air motor, centrifugal type<br>I  Motore pneumatico centrifugo<br>NL  Pneumatische centrifugaal motor<br>S  Luftmotor av centrifugaltyp<br>SF  Keskipakopaineilmamoottori |
| 6049 | | D  Angetriebene Maschine<br>E  Máquina accionada<br>F  Machine entraînée<br>GB  Driven machine<br>I  Macchina azionata<br>NL  Lastwerktuig<br>S  Driven maskin<br>SF  Käytettävä kone |
| 6050.0 | | D  Belastungsarten<br>E  Modo de funcionamiento<br>F  Mode de fonctionnement<br>GB  Load classifications<br>I  Modalità di funzionamento<br>NL  Belasting<br>S  Belastning<br>SF  Kuormituksen luonne |

| | | |
|---|---|---|
| **6050.1** | | D   Fast stoßfrei<br>E   Choques uniformes<br>F   Uniforme<br>GB  Uniform<br>I    Carico uniforme<br>NL  Gelijkmatige belasting<br>S   Likformig<br>SF  Tasainen |
| **6050.2** | | D   Mäßige Stöße<br>E   Choques moderados<br>F   Chocs modérés<br>GB  Moderate shock<br>I    Urti moderati<br>NL  Lichtstotende belasting<br>S   Måttligt olikformig<br>SF  Kohtalaisia sysäyksiä |
| **6050.3** | | D   Heftige Stöße<br>E   Choques importantes<br>F   Chocs importants<br>GB  Heavy shock<br>I    Urti forti<br>NL  Stootbelasting<br>S   Mycket olikformig<br>SF  Voimakkaita sysäyksiä |
| **6051** | | D   Anzahl der Anläufe pro Stunde<br>E   Número de arranques por hora<br>F   Nombre de démarrage(s) par heure<br>GB  Number of starts per hour<br>I    Numero di avviamenti all'ora<br>NL  Aanloopfrekwentie<br>S   Antal starter per timme<br>SF  Käynnistyksiä tunnissa |
| **6052** | | D   Laufzeit pro Tag<br>E   Tiempo de funcionamiento diario<br>F   Durée de fonctionnement par jour<br>GB  Running time per day<br>I    Durata di funzionamento al giorno (h/d)<br>NL  Bedrijfsduur per dag<br>S   Drifttid per dag<br>SF  Käyntiaika päivässä |

| | | |
|---|---|---|
| **6053** | | D  Lebensdauer<br>E  Duración de vida<br>F  Durée de vie<br>GB  Life<br>I  Durata di funzionamento totale (h)<br>NL  Levensduur<br>S  Livstid<br>SF  Kestoikä |
| **6054.0** | | D  Betriebsbedingungen<br>E  Ambiente de trabajo<br>F  Ambiance de fontionnement<br>GB  Working conditions<br>I  Ambiente di lavoro<br>NL  Bedrijfsomstandigheden<br>S  Omgivning<br>SF  Ympäristö |
| **6054.1** | | D  Trocken<br>E  Seco<br>F  Sèche<br>GB  Dry<br>I  Secco<br>NL  Droog<br>S  Torr<br>SF  Kuiva |
| **6054.2** | | D  Naß<br>E  Húmedo<br>F  Humide<br>GB  Wet<br>I  Umido<br>NL  Vochtig<br>S  Våt<br>SF  Kostea |
| **6054.3** | | D  Staubig<br>E  Polvoriento<br>F  Poussièreuse<br>GB  Dusty<br>I  Polveroso<br>NL  Stoffig<br>S  Dammig<br>SF  Pölyinen |

| 6054.4 | | D  Tropisch<br>E  Tropical<br>F  Tropicale<br>GB  Tropical<br>I  Tropicale<br>NL  Tropisch<br>S  Tropisk<br>SF  Trooppinen |
|---|---|---|
| 6054.5 | | D  Seewasser<br>E  Marino<br>F  Marine<br>GB  Marine<br>I  Marino<br>NL  Maritiem<br>S  Marin<br>SF  Merivesi |
| 6055.0 | | D  Temperatur<br>E  Temperatura<br>F  Température<br>GB  Temperature<br>I  Temperatura<br>NL  Temperatuur<br>S  Temperatur<br>SF  Lämpötila |
| 6055.1 | | D  Betriebstemperatur<br>E  Temperatura de funcionamiento<br>F  Température de fonctionnement<br>GB  Running temperature<br>I  Temperatura di funzionamento<br>NL  Bedrijfstemperatuur<br>S  Driftstemperatur<br>SF  Käyntilämpötila |
| 6055.2 | | D  Umgebungstemperatur<br>E  Temperatura ambiente<br>F  Température ambiante<br>GB  Ambient temperature<br>I  Temperatura ambiente<br>NL  Omgevingstemperatuur<br>S  Omgivningstemperatur<br>SF  Ympäristön lämpötila |

| 6056 | | D Anweisungsschild<br>E Placa de instrucciones<br>F Plaque d'instruction<br>GB Instruction plate<br>I Targa con istruzioni<br>NL Voorschriftplaat<br>S Instruktionsskylt<br>SF Ohjekilpi |
|---|---|---|
| | | |
| 6100 | | D Teile<br>E Componentes<br>F Composants<br>GB Components<br>I Componenti<br>NL Onderdelen<br>S Komponenter<br>SF Osat |
| 6101 | | D Welle<br>E Eje<br>F Arbre<br>GB Shaft<br>I Albero<br>NL As<br>S Axel<br>SF Akseli |
| 6102 | | D Antriebswelle<br>E Eje de entrada<br>F Arbre d'entrée<br>GB Input shaft<br>I Albero d'entrata<br>NL Ingaande as<br>S Ingående axel<br>SF Ensiöakseli |

| 6103 | | D Abtriebswelle<br>E Eje de salida<br>F Arbre de sortie<br>GB Output shaft<br>I Albero d'uscita<br>NL Uitgaande as<br>S Utgående axel<br>SF Toisoakseli |
|---|---|---|
| 6104 | | D Schnellaufende Welle<br>E Eje rápido<br>F Arbre grande vitesse (GV)<br>GB High speed shaft (H.S.S.)<br>I Albero veloce<br>NL Sneldraaiende as<br>S Hastiggående axel<br>SF Nopea akseli |
| 6105 | | D Langsamlaufende Welle<br>E Eje lento<br>F Arbre petite vitesse (PV)<br>GB Low speed shaft (L.S.S.)<br>I Albero lento<br>NL Langzaamdraaiende as<br>S Långsamgående axel<br>SF Hidas akseli |
| 6106 | | D Zwischenwelle<br>E Eje intermedio<br>F Arbre intermédiaire<br>GB Intermediate shaft<br>I Albero intermedio<br>NL Tussenas<br>S Mellanaxel<br>SF Väliakseli |
| 6107 | | D Vollwelle<br>E Eje macizo<br>F Arbre plein<br>GB Solid shaft<br>I Albero pieno<br>NL Volle as<br>S Hel axel<br>SF Umpiakseli |

| 6108 | | D  Hohlwelle<br>E  Eje hueco<br>F  Arbre creux<br>GB  Hollow shaft<br>I  Albero cavo<br>NL  Holle as<br>S  Hålaxel<br>SF  Putkiakseli |
|---|---|---|
| 6109 | | D  Keilwelle<br>E  Eje estriado<br>F  Arbre cannelé<br>GB  Splined shaft<br>I  Albero scanalato<br>NL  Gegroefde as<br>S  Bomaxel<br>SF  Ura-akseli |
| 6110 | | D  Geradkeile<br>E  Eje estriado recto<br>F  Cannelures droites<br>GB  Straight splines<br>I  Scanalature diritte<br>NL  Rechte groeven<br>S  Raka bommar<br>SF  Suorakylkinen uritus |
| 6111 | | D  Evolventenkeile<br>E  Eje estriado helicoidal<br>F  Cannelures en développante<br>GB  Involute splines<br>I  Scanalature ad evolvente<br>NL  Evolvente groeven<br>S  Evolventbommar<br>SF  Evolventtiuritus |
| 6112 | | D  Kegelkeile<br>E  Eje estriado cónico<br>F  Cannelures coniques<br>GB  Tapered splines<br>I  Scanalature coniche<br>NL  Kegelgroeven<br>S  Koniska bommar<br>SF  Trapetsiuritus |

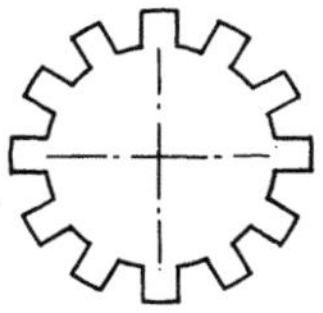

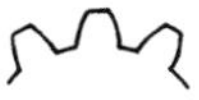

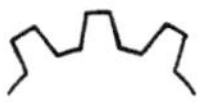

| 6113 | | D   Kerbzahnwelle<br>E   Eje dentado de sierra<br>F   Arbre dentelé<br>GB  Serrated shaft<br>I   Albero dentellato<br>NL  Gekartelde as<br>S   Lättrad axel<br>SF  Uritettu akseli |
|------|---|---|
| 6114 | | D   Kerbzähne<br>E   Dentado de sierra<br>F   Dentelures<br>GB  Serrations<br>I   Dentellature<br>NL  Kerfvertanding<br>S   Lättring<br>SF  Uritettu |
| 6115 | | D   Torsionswelle<br>E   Eje de torsión<br>F   Arbre de torsion<br>GB  Quill shaft<br>I   Barra di torsione<br>NL  Torsie-as<br>S   Torsionsaxel<br>SF  Torsioakseli |
| 6116 | | D   Flanschwelle<br>E   Eje brida<br>F   Arbre à plateau<br>GB  Flanged shaft<br>I   Albero flangiato<br>NL  Flens-as<br>S   Flänsaxel<br>SF  Laippa-akseli |
| 6117 | | D   Verstärkte Welle<br>E   Eje refozado<br>F   Arbre renforcé<br>GB  Strengthened shaft<br>I   Albero rinforzato<br>NL  Versterkte as<br>S   Förstärkt axel<br>SF  Vahvistettu akseli |

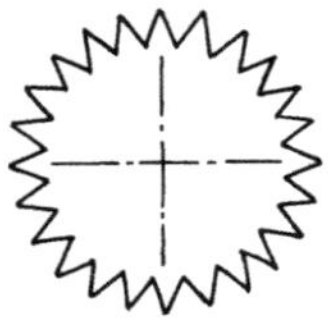

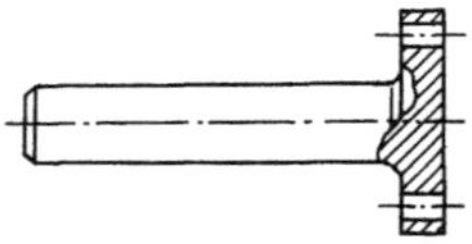

| 6118 | | D   Verbindungswelle<br>E   Eje de unión<br>F   Arbre de liaison<br>GB  Connecting shaft<br>I   Albero di collegamento<br>NL  Verbindingsas<br>S   Förbindningsaxel<br>SF  Yhdysakseli |
|---|---|---|
| 6119.0 | | D   Montagemethode<br>E   Método de montaje<br>F   Méthode de montage<br>GB  Mounting method<br>I   Metodo di calettamento<br>NL  Montage metode<br>S   Monteringsmetoder<br>SF  Asennustavat |
| 6119.1 | | D   Kaltpressung<br>E   Calado en frio<br>F   Emmanchement à froid<br>GB  Freeze fit<br>I   Calettamento a freddo<br>NL  Monteren door onderkoeling<br>S   Nedkylning<br>SF  Asennus jäähdyttäen |
| 6119.2 | | D   Warmpressung<br>E   Calado en caliente<br>F   Emmanchement à chaud<br>GB  Shrink fit<br>I   Calettamento a caldo<br>NL  Warm monteren<br>S   Uppvärmning<br>SF  Asennus kuumentaen |
| 6119.3 | | D   Ölpressung<br>E   Calado hidráulico<br>F   Emmanchement à pression d'huile<br>GB  Oil injection fit<br>I   Calettamento a pressione d'olio<br>NL  Monteren met oliedruk<br>S   Oljetryck<br>SF  Asennus öljynpaineella |

| 6120 | 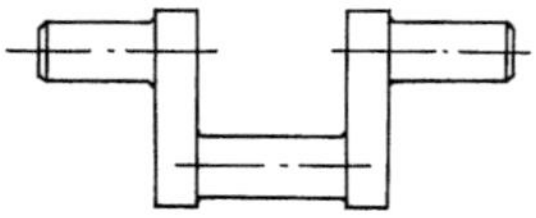 | D Kurbelwelle<br>E Eje de manivela<br>F Arbre manivelle<br>GB Crank shaft<br>I Albero manovella<br>NL Krukas<br>S Vevaxel<br>SF Kampiakseli |
|---|---|---|
| 6121 | 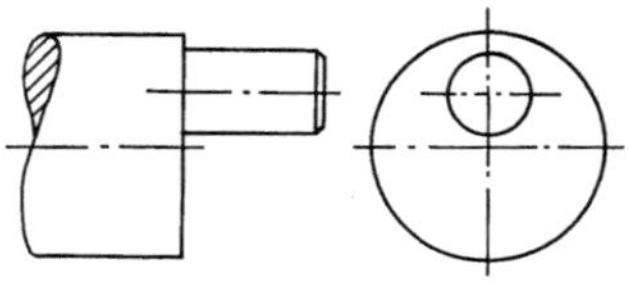 | D Exzenterwelle<br>E Eje excéntrico<br>F Arbre excentrique<br>GB Eccentric shaft<br>I Albero eccentrico<br>NL Excentrische as<br>S Excenteraxel<br>SF Epäkeskoakseli |
| 6122 | 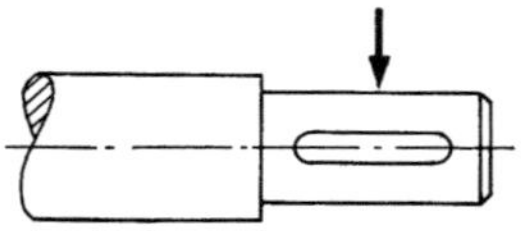 | D Wellenende<br>E Extremo de eje<br>F Bout d'arbre<br>GB Shaft end<br>I Estremità d'albero<br>NL Aseind<br>S Axelände<br>SF Akselin pää |
| 6123.0 | | D Einbaulage der Wellen<br>E Orientación de los ejes<br>F Direction des arbres<br>GB Shaft direction<br>I Direzione degli alberi<br>NL Asrichting<br>S Axelriktning<br>SF Akselin suunta |
| 6123.1 | 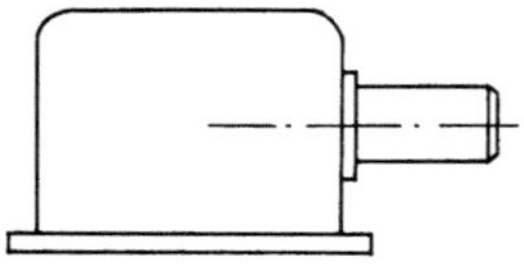 | D Horizontal<br>E Horizontal<br>F Horizontale<br>GB Horizontal<br>I Orizzontale<br>NL Horizontaal<br>S Horisontal<br>SF Vaakasuora |

| | | |
|---|---|---|
| **6123.2** | | D Vertikal<br>E Vertical<br>F Verticale<br>GB Vertical<br>I Verticale<br>NL Vertikaal<br>S Vertikal<br>SF Pystysuora |
| **6123.3** | | D Schräg<br>E Inclinado<br>F Oblique<br>GB Angled<br>I Obliquo<br>NL Schuin<br>S Vinkel<br>SF Vino |
| **6124.0** | 6124.1<br>6124.4<br>6124.3<br>6124.2 | D Wellenrichtung<br>E Posición de los ejes<br>F Orientation des arbres<br>GB Shaft orientation<br>I Orientamento degli alberi<br>NL As-oriëntatie<br>S Axelposition<br>SF Akselin suunta |
| **6124.1** | | D Nach oben<br>E Hacia arriba<br>F Vers le haut<br>GB Vertically upwards<br>I Verso l'alto<br>NL Naar boven<br>S Uppåt<br>SF Ylöspäin |
| **6124.2** | | D Nach unten<br>E Hacia abajo<br>F Vers le bas<br>GB Vertically downwards<br>I Verso il basso<br>NL Naar onder<br>S Nedåt<br>SF Alaspäin |

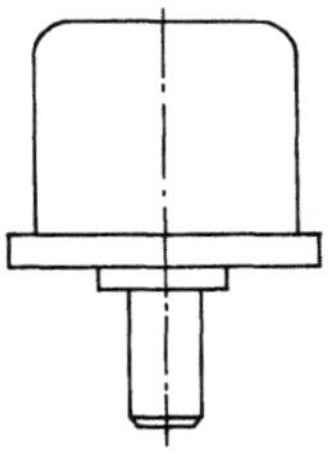

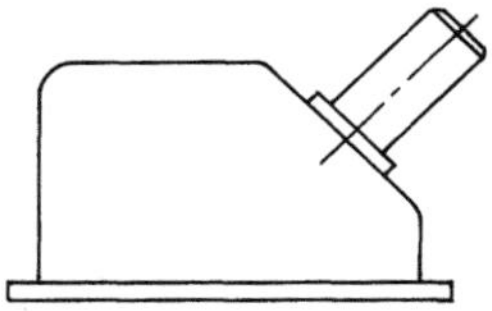

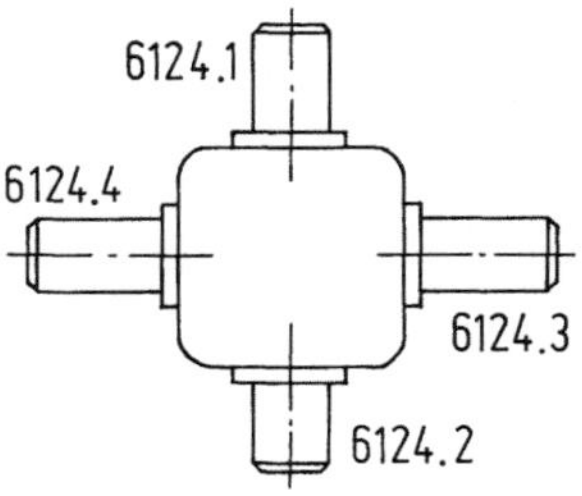

| 6124.3 | | D Nach rechts<br>E Hacia la derecha<br>F Vers la droite<br>GB To the right<br>I Verso destra<br>NL Naar rechts<br>S Höger<br>SF Oikealle |
| --- | --- | --- |
| 6124.4 | | D Nach links<br>E Hacia la izquierda<br>F Vers la gauche<br>GB To the left<br>I Verso sinistra<br>NL Naar links<br>S Vänster<br>SF Vasemmalle |
| 6125.0 | | D Lage der Wellen<br>E Disposición de los ejes<br>F Disposition des arbres<br>GB Shaft arrangement<br>I Disposizione degli alberi<br>NL Asschikking<br>S Axelläge<br>SF Akselien asema |
| 6125.1 | | D Koaxial<br>E Coaxiales<br>F Coaxial<br>GB Co-axial<br>I Coassiali<br>NL Co-axiaal<br>S Koaxial<br>SF Samankeskeinen |
| 6125.2 | | D Parallel<br>E Paralelos<br>F Parallèle<br>GB Parallel<br>I Paralleli<br>NL Evenwijdig<br>S Parallell<br>SF Yhdensuuntainen |

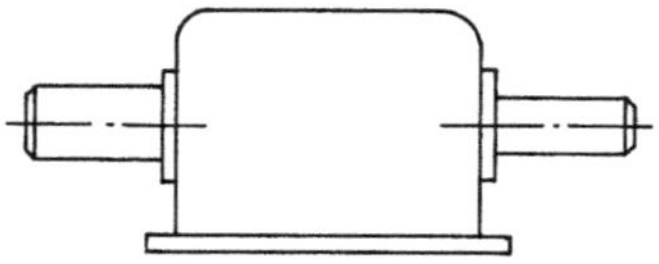

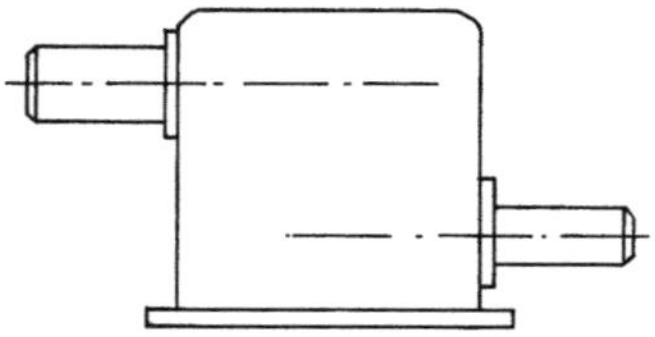

| 6125.3 | | D  Schneidend<br>E  Concurrentes<br>F  Concourant<br>GB  Crossed (in the same plane)<br>I  Concorrenti (ortogonali e non)<br>NL  Snijdend<br>S  Korsande i lika plan<br>SF  Leikkaava |
| 6125.4 | | D  Kreuzend<br>E  Cruzados<br>F  Décalé<br>GB  Crossed (off-set)<br>I  Sghembi (ortogonali e non)<br>NL  Kruisend<br>S  Korsande i olika plan<br>SF  Risteilevä |
| 6126.0 | | D  Drehrichtung<br>E  Sentido de rotación<br>F  Sens de rotation<br>GB  Shaft rotation<br>I  Senso di rotazione<br>NL  Draairichting<br>S  Rotationsriktning<br>SF  Pyörimissuunta |
| 6126.1 | | D  Rechtsdrehend<br>E  Según agujas reloj<br>F  Sens des aiguilles d'une montre<br>GB  Clockwise<br>I  Orario<br>NL  Rechts<br>S  Medurs<br>SF  Myötäpäivään |
| 6126.2 | | D  Linksdrehend<br>E  Contrario agujas reloj<br>F  Sens inverse des aiguilles d'une montre<br>GB  Anti-clockwise<br>I  Antiorario<br>NL  Links<br>S  Moturs<br>SF  Vastapäivään |

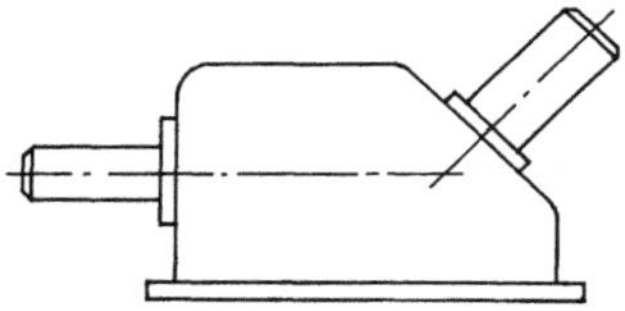

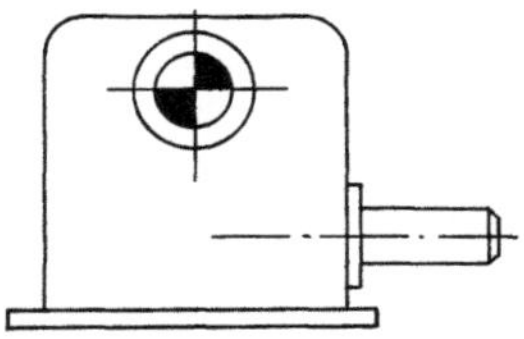

| 6127 | | D Ausrichtung der Wellen<br>E Alineación<br>F Alignement<br>GB Alignment<br>I Allineamento<br>NL Uitlijning<br>S Uppriktning<br>SF Akselien linjaus |
| --- | --- | --- |
| 6128.0 | | D Wellenversatz<br>E Desalineación<br>F Désalignement<br>GB Misalignment<br>I Disallineamento<br>NL As-afwijking<br>S Axelförsättning<br>SF Akselien suuntapoikkeama |
| 6128.1 | | D Winklig<br>E Angular<br>F Angulaire<br>GB Angular<br>I Angolare<br>NL Hoekafwijking<br>S Vinklad<br>SF Kulma |
| 6128.2 | | D Radial<br>E Radial<br>F Radial<br>GB Radial<br>I Radiale<br>NL Radiaal<br>S Radial<br>SF Risteily |
| 6128.3 | | D Axial<br>E Axial<br>F Axial<br>GB Axial<br>I Assiale<br>NL Axiaal<br>S Axial<br>SF Aksiaali |

| 6129 | | D Schulter<br>E Cambio de sección<br>F Epaulement<br>GB Shoulder<br>I Spallamento<br>NL Kraag<br>S Skuldra<br>SF Olake |
|---|---|---|
| **6130.1** | | D Zentrierung<br>E Punto de centrado<br>F Trou de centrage<br>GB Centre hole<br>I Centraggio<br>NL Center (gat)<br>S Centrumhål<br>SF Keskiöreikä |
| **6130.2** | | D Zentrierung mit Gewinde<br>E Punto de centrado roscado<br>F Trou de centrage taraudé<br>GB Centre hole with thread<br>I Centraggio filettato<br>NL Center (gat) met draad<br>S Centrumhål med gänga<br>SF Keskiökierrereikä |
| **6131** | | D Fundament<br>E Fundación<br>F Fondation<br>GB Foundation<br>I Fondazione<br>NL Fundatie<br>S Fundament<br>SF Perustus |
| **6132** | | D Schutzhaube<br>E Protección<br>F Protection<br>GB Guard<br>I Protezione<br>NL Beschermkap<br>S Skyddshuv<br>SF Suojus |

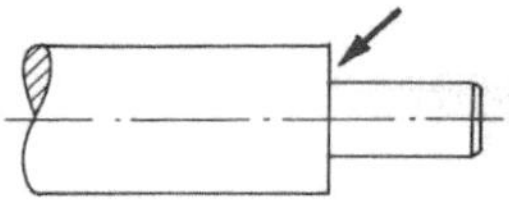

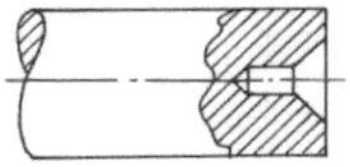

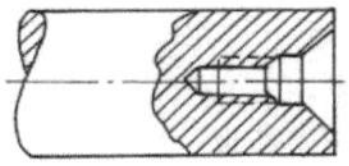

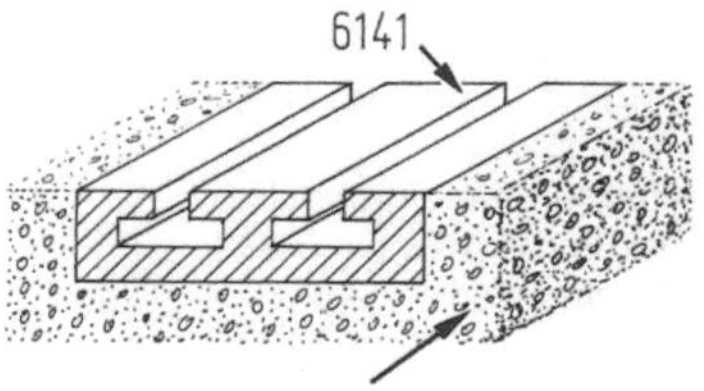

| 6133 | | D Motorspannschlitten<br>E Carril tensor motor<br>F Support moteur ajustable<br>GB Motor slide rail<br>I Slitta tendi-cinghia<br>NL Motorspanslede<br>S Justerbar motorhylla<br>SF Moottorin kiristyskisko |
|---|---|---|
| 6134 | | D Laterne<br>E Soporte para motor-brida<br>F Lanterne<br>GB Bell housing<br>I Lanterna<br>NL Lantaarn<br>S Mellanfläns<br>SF Kytkinkotelo |
| 6135 | | D Dichtungsfläche<br>E Plano de unión<br>F Plan de joint<br>GB Joint face<br>I Piano di unione<br>NL Scheidingsvlak<br>S Delningsplan<br>SF Liitostaso |
| 6136 | | D Gehäuseflansch<br>E Pestañas de unión<br>F Bride d'assemblage<br>GB Joint flange<br>I Flange di assiemaggio<br>NL Verbindingsflens<br>S Delningsfläns<br>SF Liitoslaippa |
| 6137 | | D Verstärkungsauge<br>E Saliente<br>F Bossage<br>GB Boss<br>I Borchia<br>NL Nok<br>S Vårta<br>SF Kiinnitysreiän vahvike |

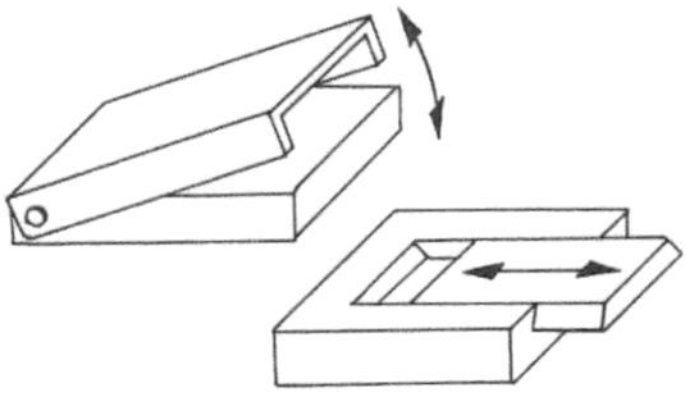

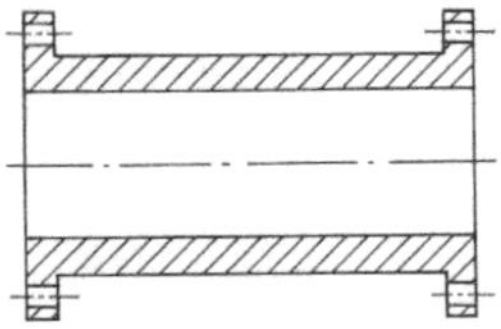

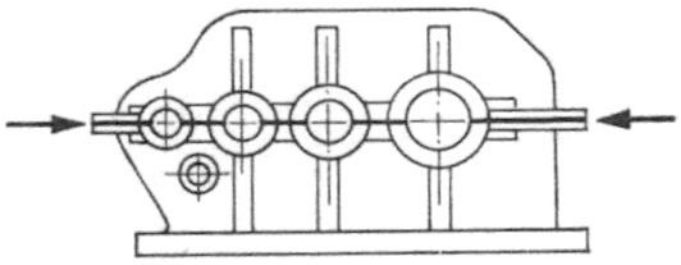

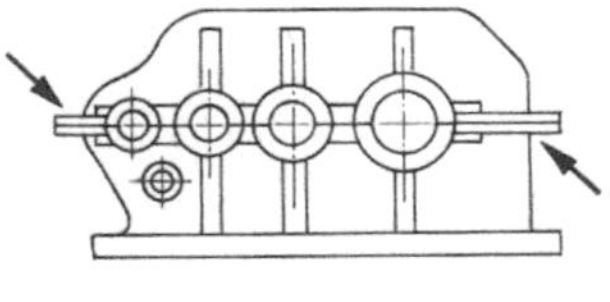

| 6138 | | D Bodenflansch<br>E Base<br>F Semelle<br>GB Bottom flange<br>I Piano di base<br>NL Bodemflens<br>S Fotfläns<br>SF Kiinnityslaippa |
|---|---|---|
| 6139 | | D Montagefläche<br>E Cara de fijación<br>F Plan de pose<br>GB Mounting face<br>I Piano di appoggio<br>NL Bevestigingsvlak<br>S Fästplan<br>SF Kiinnitystaso |
| 6140 | | D Grundplatte<br>E Bancada<br>F Châssis<br>GB Base plate<br>I Piastra di base<br>NL Basisplaat<br>S Grundplatta<br>SF Alusta |
| 6141 | | D Bodenplatte<br>E Bloque de cimentación<br>F Taque<br>GB Bed plate<br>I Piastra di fondazione<br>NL Bodemplaat<br>S Bottenplatta<br>SF Peruslaatta |
| 6142 | | D Deckel<br>E Tapa<br>F Couvercle<br>GB Cover<br>I Coperchio<br>NL Deksel<br>S Lock<br>SF Kansi |

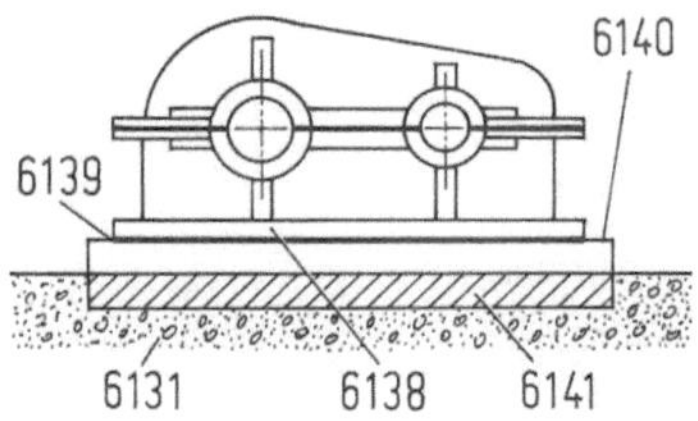

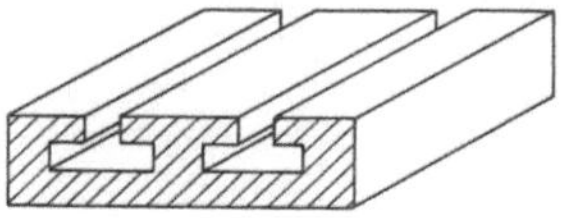

| 6143 | | D Hauptdeckel<br>E Tapa principal<br>F Couvercle principal<br>GB Main cover<br>I Coperchio principale<br>NL Hoofddeksel<br>S Huvudlock<br>SF Pääkansi |
| --- | --- | --- |
| 6144 | | D Flanschdeckel<br>E Tapa brida<br>F Couvercle à bride<br>GB Flanged cover<br>I Coperchio con flangia<br>NL Flensdeksel<br>S Flänslock<br>SF Laippakansi |
| 6145 | | D Lagerkappe<br>E Soporte de cojinete<br>F Chapeau de palier<br>GB Bearing housing (top half)<br>I Cappello cuscinetto<br>NL Lagerkap<br>S Lageröverfall<br>SF Laakerikaari |
| 6146 | | D Deckel mit Schmiernippel<br>E Tapa con engrasador<br>F Couvercle avec graisseur<br>GB End cover with grease nipple<br>I Coperchio con ingrassatore<br>NL Deksel met smeernippel<br>S Lock med smörjnippel<br>SF Kansi, jossa rasvanippa |
| 6147 | | D Lagerdeckel<br>E Tapa de cojinete<br>F Couvercle de palier<br>GB Bearing end cover<br>I Coperchio cuscinetto<br>NL Lagerdeksel<br>S Lagerlock<br>SF Laakerikansi |

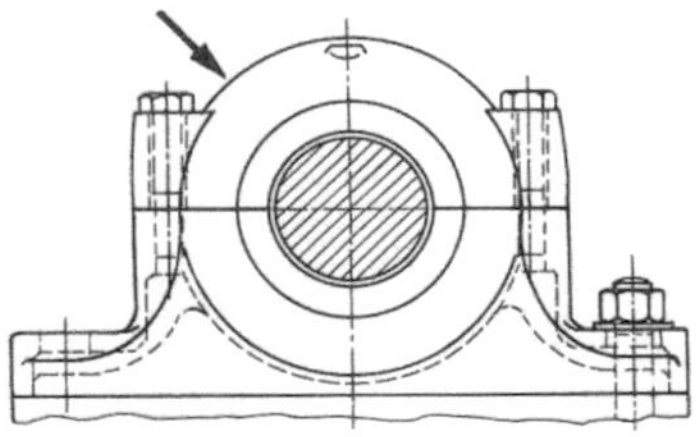

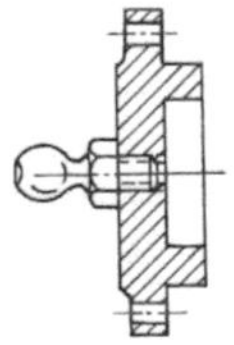

| 6148 | | D Durchsichtiger Deckel<br>E Tapa de plástico<br>F Couvercle transparent<br>GB Transparent cover<br>I Coperchio trasparente<br>NL Transparant deksel<br>S Transparent lock<br>SF Läpinäkyvä kansi |
|---|---|---|
| 6149 | | D Schaulochdeckel<br>E Tapa de registro<br>F Porte de visite<br>GB Inspection cover<br>I Coperchio d'ispezione<br>NL Inspektiedeksel<br>S Inspektionslock<br>SF Tarkastusluukku |
| 6150 | | D Wärmebehandlung<br>E Tratamiento térmico<br>F Traitement thermique<br>GB Heat treatment<br>I Trattamento termico<br>NL Warmtebehandeling<br>S Värmebehandling<br>SF Lämpökäsittely |
| 6151.0 | | D Randschichthärtung<br>E Temple superficial<br>F Trempe superficielle<br>GB Surface hardening<br>I Tempra superficiale<br>NL Oppervlakteharding<br>S Ythärdning<br>SF Pintakarkaisu |
| 6151.1 | | D Randschichthärtung mit Flamme<br>E Temple superficial a la llama<br>F Trempe superficielle à la flamme<br>GB Flame hardening<br>I Tempra superficiale alla fiamma<br>NL Vlamharden<br>S Flamhärdning<br>SF Liekkikarkaisu |

| 6151.2 | | D Randschichthärtung durch Induktion<br>E Temple superficial por inducción<br>F Trempe superficielle par induction<br>GB Induction hardening<br>I Tempra superficiale ad induzione<br>NL Induktieharden<br>S Induktionshärdning<br>SF Induktiokarkaisu |
|---|---|---|
| 6152 | | D Einsatzhärtung<br>E Cementación<br>F Cémentation<br>GB Case carburizing<br>I Cementazione<br>NL Karboneren<br>S Sätthärdning<br>SF Hiiletyskarkaisu |
| 6153 | | D Nitrierung<br>E Nitruración<br>F Nitruration<br>GB Nitriding<br>I Nitrurazione<br>NL Nitreren<br>S Nitrering<br>SF Typetys |
| 6154 | | D Karbonitrierung<br>E Carbonitruración<br>F Carbonitruration<br>GB Carbonitriding<br>I Carbonitrurazione<br>NL Karbonitreren<br>S Carbonitrering<br>SF Typpihiiletys |
| 6155 | | D Durchhärtung<br>E Temple total<br>F Trempe totale<br>GB Through hardening<br>I Tempra totale<br>NL Volledig harden<br>S Seghärdning<br>SF Nuorrutus |

| | | |
|---|---|---|
| | | |
| **6200** | | D   Befestigungselemente<br>E   Fijaciones<br>F   Fixations<br>GB  Fixings<br>I   Fissaggio<br>NL  Bevestigingen<br>S   Fastsättningar<br>SF  Kiinnityselimet |
| **6201** | | D   Schrauben<br>E   Tornillos<br>F   Vis<br>GB  Screws<br>I   Viti<br>NL  Bouten<br>S   Skruvar<br>SF  Ruuvit |
| **6202.0** | | D   Sechskantschraube<br>E   Tornillo de cabeza exagonal<br>F   Vis à tête hexagonale<br>GB  Hexagon headed screw<br>I   Vite a testa esagonale<br>NL  Zeskantbout<br>S   Sexkantskruv<br>SF  Kuusioruuvi |
| **6202.1** | | D   Sechskantschraube, normal<br>E   Tornillo de cabeza exagonal, normal<br>F   Vis à tête hexagonale normale<br>GB  Hexagon headed screw, normal<br>I   Vite a testa esagonale, normale<br>NL  Zeskantbout, normaal<br>S   Normal sexkantskruv<br>SF  Normaali kuusioruuvi |

| 6202.2 | | D Sechskantschraube mit Zapfen<br>E Tornillo de cabeza exagonal de cuello largo y tetón<br>F Vis à tête hexagonale avec tourillon<br>GB Hexagon headed screw with full dog point<br>I Vite a testa esagonale con estremità cilindrica<br>NL Zeskantbout met tap<br>S Sexkantskruv med frispår och tapp<br>SF Tappipäinen kuusioruuvi |
| --- | --- | --- |
| 6202.3 | | D Sechskantschraube mit Ansatzspitze<br>E Tornillo de cabeza exagonal de cuello corto y punta cónica<br>F Vis à tête hexagonale avec bout pointeau<br>GB Hexagon headed screw with half dog point and cone end<br>I Vite a testa esagonale con estremità conica<br>NL Zeskantbout met kegelpunt<br>S Sexkantskruv med avrundad tapp<br>SF Kartio-olakepäinen kuusioruuvi |
| 6203 | | D Sechskantschraube mit dünnem Schaft<br>E Tornillo de cabeza exagonal con cuello liso<br>F Vis à tête hexagonale avec tige mince<br>GB Hexagon headed bolt with reduced shank<br>I Vite a testa esagonale con gambo alleggerito<br>NL Zeskantbout met flensvormig topeind<br>S Sexkantskruv med reducerad stamdiameter<br>SF Hoikkavartinen kuusioruuvi |
| 6204 | | D Sechskant-Paßschraube<br>E Tornillo de ajuste de cabeza exagonal<br>F Vis ajustée à tête six pans<br>GB Hexagon headed fitting bolt<br>I Vite a testa esagonale con gambo calibrato<br>NL Pasbout<br>S Sexkantskruv passkruv<br>SF Kuusiosovitusruuvi |
| 6205.0 | | D Vierkantschraube<br>E Tornillo de cabeza cuadrada<br>F Vis à tête carrée<br>GB Square headed bolt<br>I Vite a testa quadra<br>NL Vierkantbout<br>S Fyrkantskruv<br>SF Neliöruuvi |

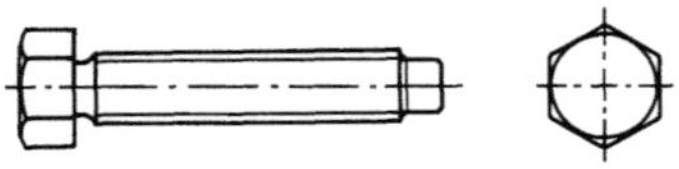

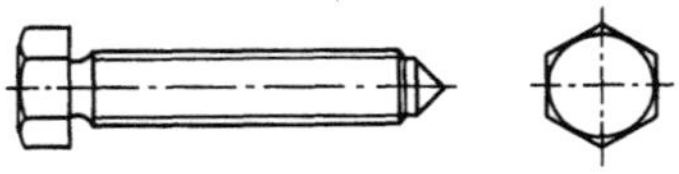

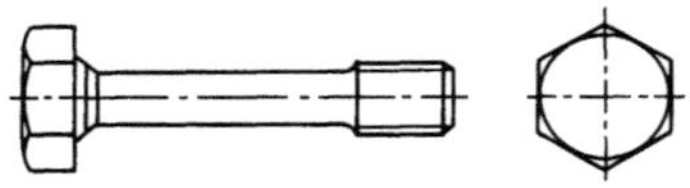

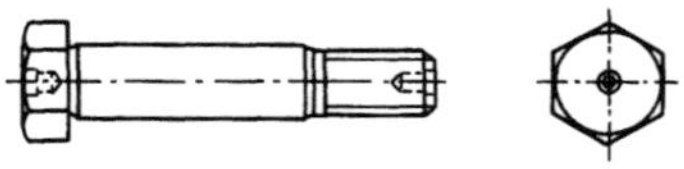

| 6205.1 | | D Vierkantschraube mit Kernansatz<br>E Tornillo de cabeza cuadrada con cuello corto<br>F Vis à tête carrée et bout téton<br>GB Square headed bolt with half dog point<br>I Vite a testa quadra estremità a colletto piano e cilindrica<br>NL Vierkantbout met scherpe top<br>S Skruv med fyrkanthuvud och tapp<br>SF Olakepäinen neliöruuvi |
| 6205.2 | | D Vierkantschraube mit Bund<br>E Tornillo de cabeza cuadrada con reborde<br>F Vis à tête carrée avec embase et à bout chanfreiné<br>GB Square headed bolt with collar<br>I Vite a testa quadra con bordino<br>NL Vierkantkraagbout<br>S Skruv med fyrkanthuvud och fläns<br>SF Laipallinen neliöruuvi |
| 6205.3 | | D Vierkantschraube mit Bund und Ansatzkuppe<br>E Tornillo de cabeza cuadrada con reborde y cuello corto con punta redonda<br>F Vis à tête carrée avec embase et bout téton<br>GB Square headed bolt with collar and half dog point with rounded end<br>I Vite a testa quadra con bordino ed estremità a colletto con calotta<br>NL Vierkantkraagbout met tap<br>S Skruv med fyrkanthuvud och fläns samt avrundad tapp<br>SF Laipallinen neliöruuvi, kupuolakepäinen |
| 6206.0 | | D Hammerschraube<br>E Tornillo de martillo<br>F Boulon à tête en T<br>GB Tee headed bolt<br>I Vite con testa a martello<br>NL Hamerkopbout<br>S T-skruv<br>SF Vasararuuvi |
| 6206.1 | | D Hammerschraube, normal<br>E Tornillo de martillo, normal<br>F Boulon à tête en T normal<br>GB Tee headed bolt, normal<br>I Vite con testa a martello, normale<br>NL Hamerkopbout, normaal<br>S Normal T-skruv<br>SF Vasararuuvi |

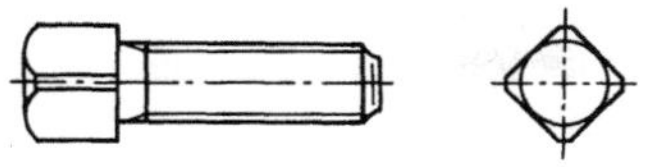

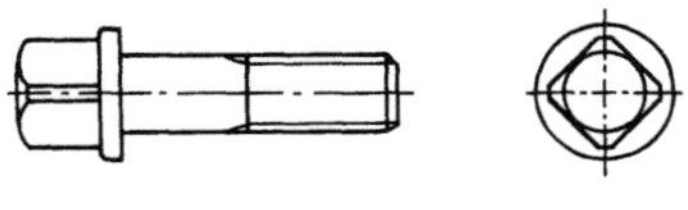

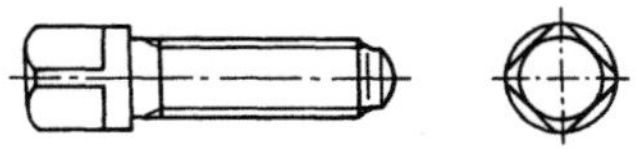

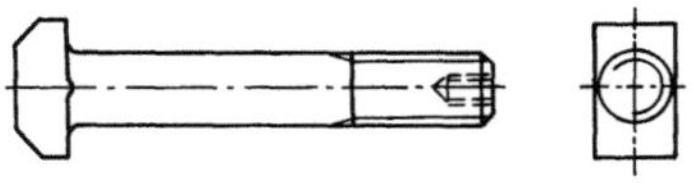

| | | |
|---|---|---|
| **6206.2** | | D  Hammerschraube mit Vierkant<br>E  Tornillo de martillo con cuello cuadrado<br>F  Boulon à tête en T avec carré<br>GB  Tee headed bolt with square neck<br>I  Vite con testa a martello con quadro sotto testa<br>NL  Hamerkopbout met vierkant<br>S  T-skruv med fyrkant<br>SF  Vasaralukkoruuvi |
| **6206.3** | | D  Hammerschraube mit Nase<br>E  Tornillo de martillo con prisionero<br>F  Boulon à tête en T avec ergot double<br>GB  Tee headed bolt with double nip<br>I  Vite con testa a martello con doppio nasello sotto testa<br>NL  Hamerkopbout met dubbele nok<br>S  T-skruv med dubbla klackar<br>SF  Kaksinokkainen vasararuuvi |
| **6207** | | D  T-Nutenschraube<br>E  Tornillo acanalado en T.<br>F  Boulon en T de clamage<br>GB  Tee slot bolt<br>I  Vite per scanalature a T<br>NL  Opspan T-bout<br>S  T-spårskruv<br>SF  T-johderuuvi |
| **6208** | | D  Zylinderschraube mit Innensechskant<br>E  Tornillo de cabeza cilíndrica con exágono interior<br>F  Vis à tête cylindrique à six pans creux<br>GB  Hexagon socket head cap screw<br>I  Vite a testa cilindrica con esagono incassato<br>NL  Binnenzeskantschroef met cilinderkop<br>S  Skruv med cylindriskt huvud och 6-kanthål<br>SF  Kuusiokoloruuvi |
| **6209** | | D  Zylinderschraube mit Innensechskant und niedrigem Kopf<br>E  Tornillo de cabeza baja cilíndrica con exágono interior<br>F  Vis à six pans creux et tête cylindrique réduite<br>GB  Hexagon socket head cap screw and small head<br>I  Vite a testa cilindrica ribassata, con esagono incassato<br>NL  Binnenzeskantschroef met lage cilinderkop<br>S  Skruv med lågt cylindriskt huvud och sexkanthål<br>SF  Matalakantainen kuusiokoloruuvi |

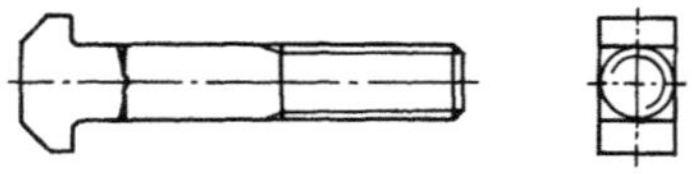

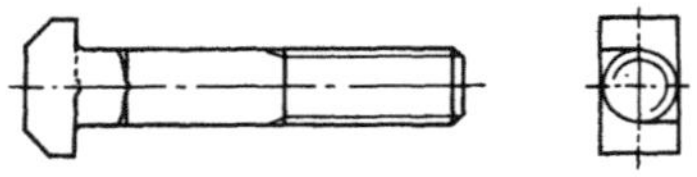

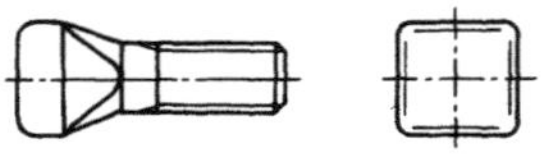

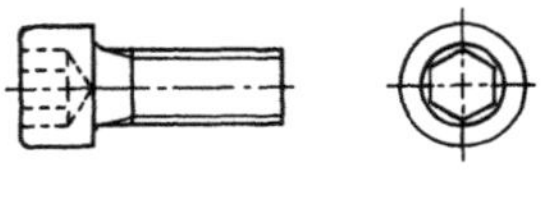

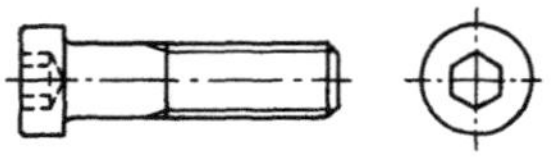

| 6210 | | D Senkschraube mit Innensechskant<br>E Tornillo avellanado con exágono interior<br>F Vis à six pans creux et tête fraisée<br>GB Hexagon socket countersunk head screw<br>I Vite a testa svasata con esagono incassato<br>NL Binnenzeskantschroef met verzonken kop<br>S Skruv med försänkt huvud och sexkanthål<br>SF Uppokantainen kuusiokoloruuvi |
|---|---|---|
| 6211 | | D Gewindestift mit Innensechskant und Ringschneide<br>E Tornillo prisionero sin cabeza con exágono interior y punta cóncava<br>F Tige filetée à six pans creux et extrémité à cuvette<br>GB Hexagon socket set screw with cone end<br>I Vite senza testa con esagono incassato ed estremità a coppa<br>NL Stelschroef met binnenzeskant en kratereind<br>S Stoppskruv med invändig sexkant och skålad ände<br>SF Kuusiokolopidätinruuvi |
| 6212 | | D Gewindestift mit Innensechskant und Spitze<br>E Tornillo prisionero sin cabeza con exágono interior y punta cónica<br>F Tige filetée à six pans creux et bout pointeau<br>GB Hexagon socket set screw with cone point<br>I Vite senza testa, con esagono incassato, ed estremità conica<br>NL Stelschroef met binnenzeskant en kegelpunt<br>S Stoppskruv med invändig sexkant och spets<br>SF Kuusiokolopidätinruuvi, teräväpäinen |
| 6213 | | D Gewindestift mit Innensechskant und Zapfen<br>E Tornillo prisionero sin cabeza, con exágono interior y tetón cilíndrico<br>F Tige filetée à six pans creux et bout têton<br>GB Hexagon socket set screw with dog point<br>I Vite senza testa con esagono incassato ed estremità cilindrica<br>NL Stelschroef met binnenzeskant en tap<br>S Stoppskruv med invändig sexkant och tapp<br>SF Kuusiokolopidätinruuvi, tappipäinen |
| 6214 | | D Gewindestift mit Innensechskant und Kegelkuppe<br>E Tornillo prisionero sin cabeza, con exágono interior y punta plana<br>F Tige filetée à six pans creux et bout plat<br>GB Hexagon socket set screw with flat point<br>I Vite senza testa con esagono incassato ed estremità piana smussata<br>NL Stelschroef met binnenzeskant en vlakke top<br>S Stoppskruv med invändig sexkant och fasad ände<br>SF Kuusiokolopidätinruuvi, viistepäinen |

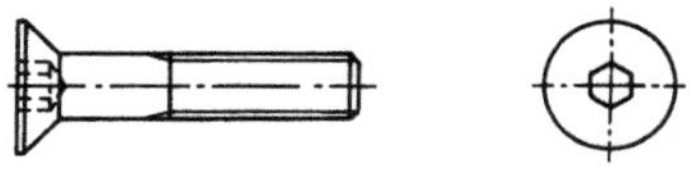

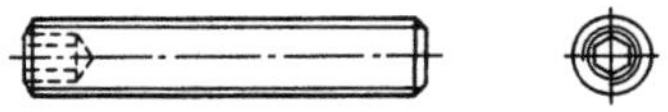

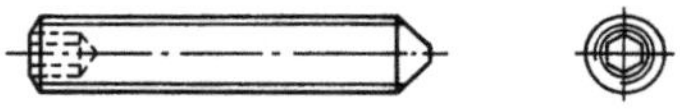

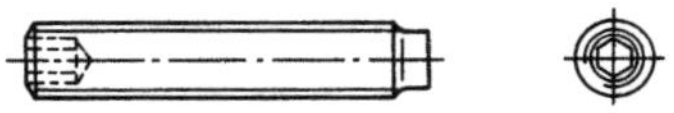

| 6215 | | D Linsensenkschraube mit Kreuzschlitz<br>E Tornillo de cabeza gota de sebo con mortaja cruzada<br>F Vis à tête goutte de suif fraisée avec empreinte cruciforme<br>GB Cross recessed countersunk (oval) head screw<br>I Vite a testa svasata con calotta ed intaglio a croce<br>NL Bolverzonken schroef met kruisgleuf<br>S Skruv med kullrigt försänkt huvud och krysspår<br>SF Kupu-uppokantainen ristiuraruuvi |
|---|---|---|
| 6216 | | D Senkschraube mit Kreuzschlitz<br>E Tornillo de cabeza avellanada con mortaja cruzada<br>F Vis à tête fraisée avec empreinte cruciforme<br>GB Cross recessed countersunk (flat) head screw<br>I Vite a testa svasata con intaglio a croce<br>NL Verzonken schroef met kruisgleuf<br>S Skruv med försänkt huvud och krysspår<br>SF Uppokantainen ristiuraruuvi |
| 6217 | | D Linsenschraube mit Kreuzschlitz<br>E Tornillo alomado con mortaja cruzada<br>F Vis à tête cylindrique bombée avec empreinte cruciforme<br>GB Cross recessed raised cheese head screw<br>I Vite a testa cilindrica con calotta con intaglio a croce<br>NL Lenscilinderkopschroef met kruisgleuf<br>S Skruv med rundat cylindriskt huvud och krysspår<br>SF Lieriökupukantainen ristiuraruuvi |
| 6218 | | D Zylinderschraube mit Schlitz<br>E Tornillo de cabeza cilíndrica ranurada<br>F Vis à tête cylindrique rainurée<br>GB Slotted cheese head screw<br>I Vite a testa cilindrica con intaglio<br>NL Cilinderkopschroef met zaagsnede<br>S Spårskruv med cylindriskt huvud<br>SF Lieriökantainen uraruuvi |
| 6219 | | D Halbrundschraube<br>E Tornillo redondo con ranura longitudinal<br>F Vis à tête ronde<br>GB Round headed screw<br>I Vite a testa tonda con intaglio<br>NL Bolkopschroef met zaagsnede<br>S Spårskruv med halvrunt huvud<br>SF Kupukantainen uraruuvi |

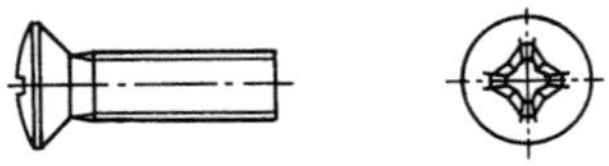

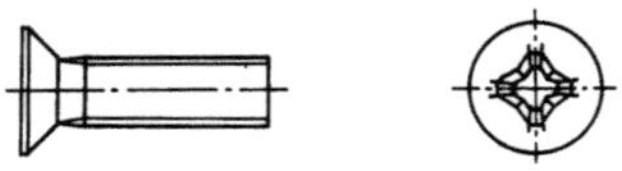

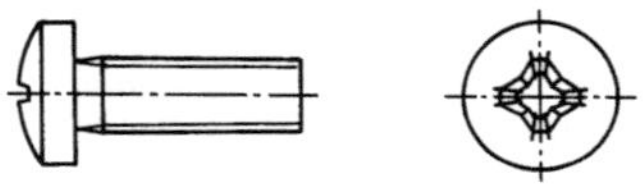

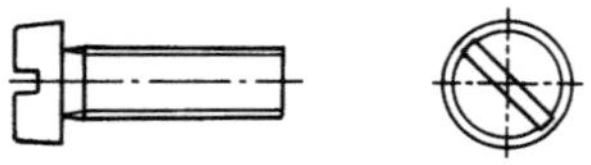

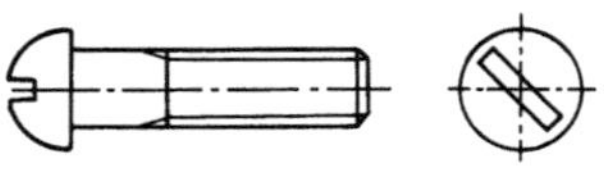

| 6220 | | D  Flachkopfschraube mit Schlitz<br>E  Tornillo alomado con ranura longitudinal<br>F  Vis à tête cylindrique mince rainurée<br>GB Slotted cheese head screw<br>I  Vite a testa cilindrica con calotta ed intaglio<br>NL Vlakke cilinderkopschroef met zaagsnede<br>S  Spårskruv med rundat cylindriskt huvud<br>SF Matala lieriökantainen uraruuvi (liitinruuvi) |
|---|---|---|

**6220**

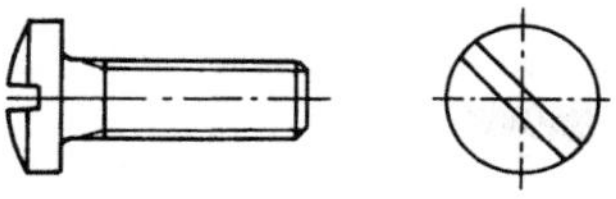

- D   Flachkopfschraube mit Schlitz
- E   Tornillo alomado con ranura longitudinal
- F   Vis à tête cylindrique mince rainurée
- GB  Slotted cheese head screw
- I    Vite a testa cilindrica con calotta ed intaglio
- NL  Vlakke cilinderkopschroef met zaagsnede
- S   Spårskruv med rundat cylindriskt huvud
- SF  Matala lieriökantainen uraruuvi (liitinruuvi)

**6221**

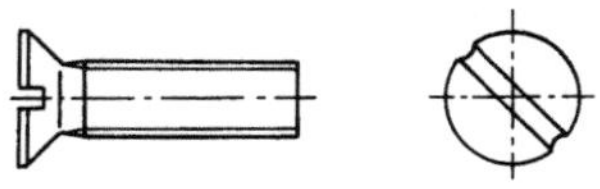

- D   Senkschraube mit Schlitz
- E   Tornillo avellanado con ranura longitudinal
- F   Vis à tête fraisée rainurée
- GB  Slotted countersunk (flat) head screw
- I    Vite a testa svasata con intaglio
- NL  Platverzonken schroef met zaagsnede
- S   Spårskruv med försänkt huvud
- SF  Uppokantainen uraruuvi

**6222**

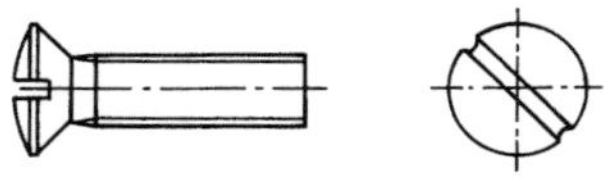

- D   Linsensenkschraube mit Schlitz
- E   Tornillo de cabeza gota de sebo ranurada
- F   Vis à tête goutte de suif rainurée
- GB  Slotted raised countersunk (oval) head screw
- I    Vite a testa svasata con calotta ed intaglio
- NL  Verzonken lenskopschroef met zaagsnede
- S   Spårskruv med kullrigt försänkt huvud
- SF  Kupu-uppokantainen uraruuvi

**6223**

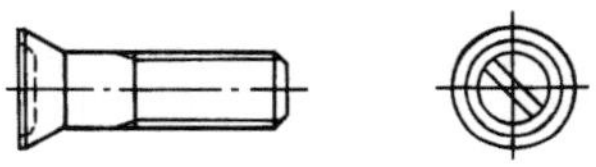

- D   Senkschraube mit Schlitz (für Stahlkonstruktionen)
- E   Tornillo de cabeza avellanada ranurada
- F   Vis à tête fraisée rainurée (pour construction métallique)
- GB  Countersunk head bolt with slot (for steel structures)
- I    Vite a testa svasata con intaglio incassato (per carpenteria metallica)
- NL  Verzonken schroef met zaagsnede (voor metaalbouw)
- S   Försänkt skruv
- SF  Puristettu-urainen uraruuvi

**6224**

- D   Kreuzlochschraube mit Schlitz
- E   Tornillo de cabeza cilíndrica ranurada y perforada en cruz
- F   Vis à tête cylindrique rainurée et perforée en croix
- GB  Slotted capstan screw
- I    Vite a testa cilindrica forata con calotta ed intaglio
- NL  Cilinderkopschroef met kruisgat(en) en zaagsnede
- S   Spårskruv med cylindriskt korsborrat huvud
- SF  Ristireikäruuvi

| 6225 | | D  Schaftschraube mit Schlitz und Kegelkuppe<br>E  Pitón roscado<br>F  Vis sans tête rainurée et bout plat<br>GB  Slotted headless screw with flat point (chamfered end)<br>I  Vite senza testa con intaglio, ed estremità filettata piana smussata<br>NL  Kolomschroef met zaagsnede en vlakke top<br>S  Spårskruv utan huvud och med fasad ände<br>SF  Uravarsiruuvi, viistepäinen |
| 6226 | | D  Gewindestift mit Schlitz und Kegelkuppe<br>E  Varilla roscada con chaflán<br>F  Vis sans tête rainurée et bout plat<br>GB  Slotted set screw with flat point (chamfered ends)<br>I  Vite senza testa con intaglio ed estremità piana smussata<br>NL  Stelschroef met zaagsnede en vlakke top<br>S  Stoppskruv med spår och fasad ände<br>SF  Urapidätinruuvi, viistepäinen |
| 6227 | | D  Gewindestift mit Schlitz und Zapfen<br>E  Varilla roscada con tetón<br>F  Vis sans tête, rainurée et bout têton<br>GB  Slotted set screw with (full) dog point<br>I  Vite senza testa con intaglio ed estremità cilindrica<br>NL  Stelschroef met zaagsnede en tap<br>S  Stoppskruv med spår och tapp<br>SF  Urapidätinruuvi, tappipäinen |
| 6228 | | D  Gewindestift mit Schlitz und Ringschneide<br>E  Varilla roscada con chaflán cóncavo<br>F  Vis sans tête rainurée et bout cuvette<br>GB  Slotted set screw with cup point<br>I  Vite senza testa con intaglio ed estremità a coppa<br>NL  Stelschroef met zaagsnede en kratereind<br>S  Stoppskruv med spår och skål<br>SF  Urapidätinruuvi, kuoppapäinen |
| 6229 | | D  Gewindestift mit Schlitz und Spitze<br>E  Varilla roscada con punta<br>F  Vis sans tête rainurée et bout pointu<br>GB  Slotted set screw with cone point<br>I  Vite senza testa con intaglio ed estremità conica<br>NL  Stelschroef met zaagsnede en kegelpunt<br>S  Stoppskruv med spår och spets<br>SF  Urapidätinruuvi, teräväpäinen |

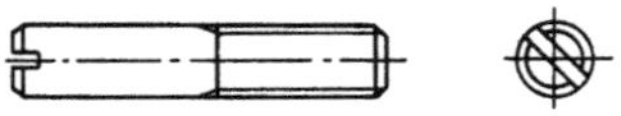

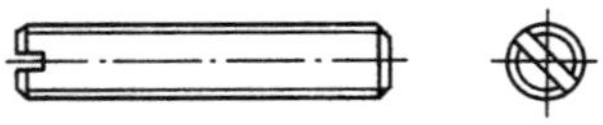

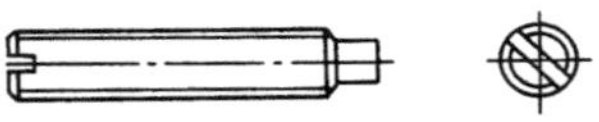

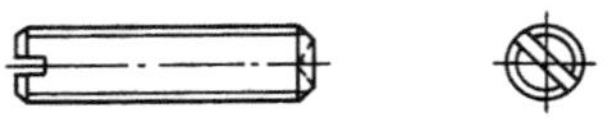

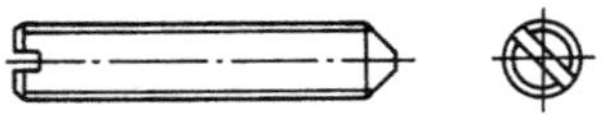

| **6230** | | D Augenschraube<br>E Tornillo con ojo<br>F Boulon à oeil<br>GB Eye bolt<br>I Tirante ad occhio<br>NL Knevelschroef<br>S Länkskruv<br>SF Silmäruuvi |
| --- | --- | --- |
| **6231** | | D Ringschraube<br>E Tornillo de cáncamo<br>F Vis à anneau<br>GB Flanged eye bolt<br>I Golfare ad occhio cilindrico con gambo filettato<br>NL Oogbout<br>S Lyftögla med tapp<br>SF Nostosilmukkaruuvi |
| **6232** | | D Flügelschraube<br>E Tornillo de mariposa<br>F Vis à oreilles<br>GB Wing screw<br>I Vite ad alette<br>NL Vleugelschroef<br>S Vingskruv<br>SF Siipiruuvi |
| **6233.0** | | D Rändelschraube<br>E Tornillo de cabeza moleteada<br>F Vis à tête moletée<br>GB Thumb screw<br>I Vite a testa cilindrica zigrinata<br>NL Schroef met gekartelde cilinderkop<br>S Räfflad skruv<br>SF Pyälletty ruuvi |
| **6233.1** | | D Hohe Rändelschraube<br>E Tornillo de cabeza moleteada alta<br>F Vis à tête moletée haute<br>GB Knurled thumb screw<br>I Vite a testa cilindrica zigrinata con colletto<br>NL Schroef met hoge gekartelde cilinderkop<br>S Skruv med högt räfflat huvud<br>SF Pyälletty ruuvi, korkea |

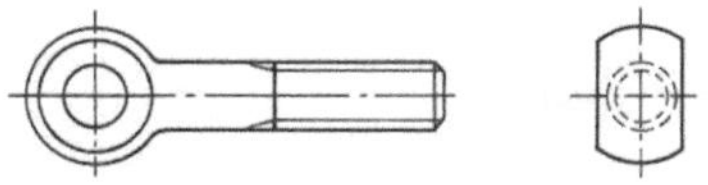

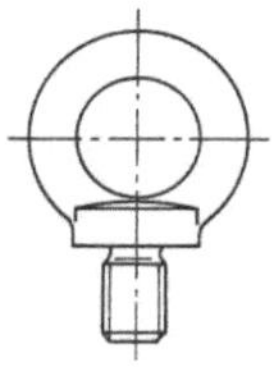

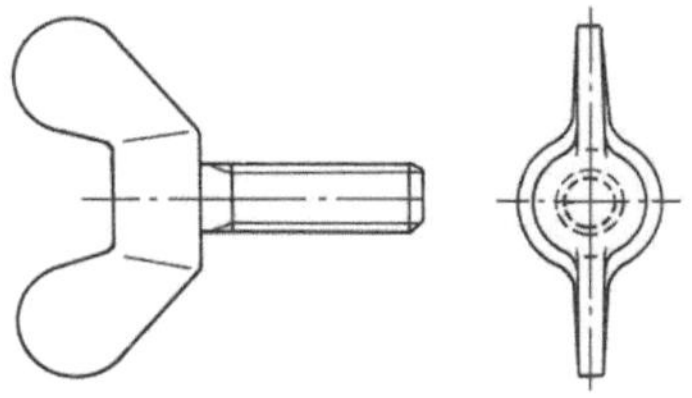

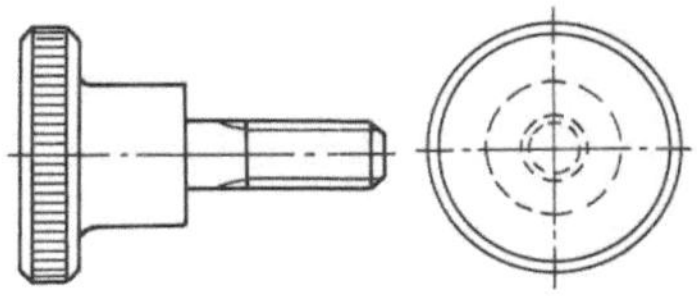

| | | |
|---|---|---|
| **6233.2** | | D  Flache Rändelschraube<br>E  Tornillo de cabeza moleteada plana<br>F  Vis à tête moletée plate<br>GB  Flat knurled thumb screw<br>I  Vite a testa cilindrica zigrinata piana<br>NL  Schroef met vlakke en gekartelde cilinderkop<br>S  Skruv med lågt räfflat huvud<br>SF  Pyälletty ruuvi |
| **6234** | | D  Gewindestange<br>E  Espárrago fileteado<br>F  Tige filetée<br>GB  Threaded rod<br>I  Barra filettata<br>NL  Draadstang<br>S  Gängad stång<br>SF  Kierretanko |
| **6235** | | D  Anschweißenden<br>E  Espárrago para soldar<br>F  Tige à souder<br>GB  Stud for welding<br>I  Vite senza testa, da saldare<br>NL  Laseind<br>S  Gängad svetstapp<br>SF  Hitsausruuvi |
| **6236** | | D  Stiftschraube<br>E  Espárrago<br>F  Goujon<br>GB  Stud<br>I  Vite prigioniera<br>NL  Tapeind<br>S  Pinnskruv<br>SF  Vaarnaruuvi |
| **6237** | | D  Schraubenbolzen<br>E  Espárrago con doble garganta, doble filete y tetón<br>F  Goujon à deux gorges et à téton<br>GB  Double ended stud with full shank<br>I  Tirante a doppia gola<br>NL  Dubbel tapeind<br>S  Dubbel pinnskruv<br>SF  Tasavartinen ruuvitappi |

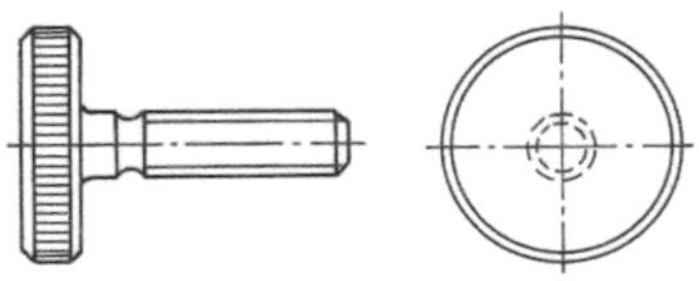

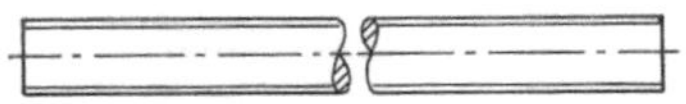

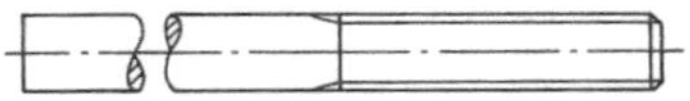

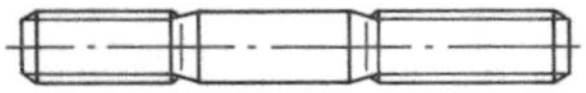

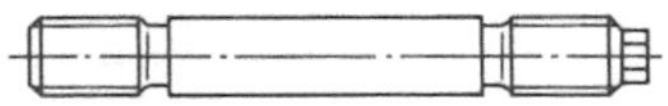

| 6238 | | D  Steinschraube<br>E  Pernos de anclaje<br>F  Boulon de scellement<br>GB  Stone bolt<br>I  Vite di ancoraggio<br>NL  Steenbout<br>S  Stenskruv<br>SF  Kiviruuvi |
|---|---|---|
| 6250 | | D  Muttern<br>E  Tuerca<br>F  Ecrous<br>GB  Nuts<br>I  Dadi<br>NL  Moeren<br>S  Muttrar<br>SF  Mutterit |
| 6251.0 | | D  Sechskantmutter<br>E  Tuerca exagonal<br>F  Ecrou hexagonal<br>GB  Hexagon nut<br>I  Dado esagonale<br>NL  Zeskantmoer<br>S  Sexkantmutter<br>SF  Kuusiomutteri |
| 6251.1 | | D  Sechskantmutter, normal<br>E  Tuerca exagonal normal<br>F  Ecrou hexagonal, normal<br>GB  Hexagon nut normal<br>I  Dado esagonale normale<br>NL  Zeskantmoer, normaal<br>S  Normal sexkantmutter<br>SF  Kuusiomutteri |
| 6251.2 | | D  Flache Sechskantmutter<br>E  Tuerca exagonal delgada<br>F  Ecrou hexagonal mince<br>GB  Hexagon nut thin<br>I  Dado esagonale ribassato<br>NL  Zeskantmoer, laag<br>S  Låg sexkantmutter<br>SF  Matala kuusiomutteri |

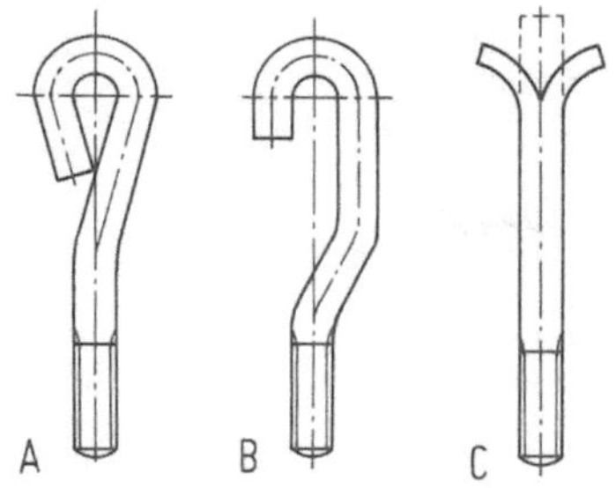

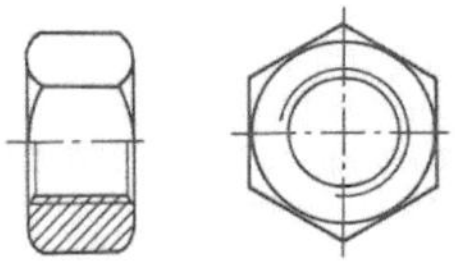

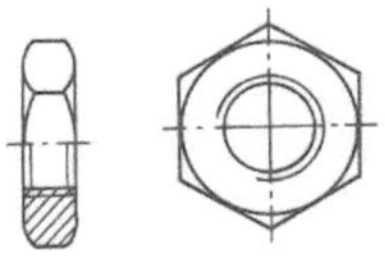

| 6252 | | D Rohrmutter<br>E Tuerca para tubería<br>F Ecrou pour tube<br>GB Pipe nut<br>I Dado esagonale sottile<br>NL Buismoer<br>S Rörmutter<br>SF Putkimutteri |
|---|---|---|
| 6253.0 | | D Hutmutter<br>E Tuerca de sombrerete<br>F Ecrou borgne<br>GB Cap nut<br>I Dado esagonale cieco<br>NL Dopmoer<br>S Hattmutter<br>SF Hattumutteri |
| 6253.1 | | D Hutmutter, hohe Form<br>E Tuerca de sombrerete alta<br>F Ecrou borgne, haut<br>GB Cap nut with high dome<br>I Dado esagonale cieco a calotta sferica<br>NL Dopmoer, hoog<br>S Hög hattmutter<br>SF Korkea hattumutteri |
| 6253.2 | | D Hutmutter, niedrige Form<br>E Tuerca de sombrerete baja<br>F Ecrou borgne, bas<br>GB Cap nut with low dome<br>I Dado esagonale cieco a calotta bombata<br>NL Dopmoer, laag<br>S Låg hattmutter<br>SF Hattumutteri |
| 6253.3 | | D Hutmutter, selbstsichernd<br>E Tuerca exagonal con autoseguro<br>F Ecrou borgne de sécurité avec bague en nylon<br>GB Cap nut, self locking<br>I Dado esagonale cieco con anello autobloccante<br>NL Dopmoer, zelfborgend<br>S Självlåsande hattmutter<br>SF Lukkiutuva hattumutteri |

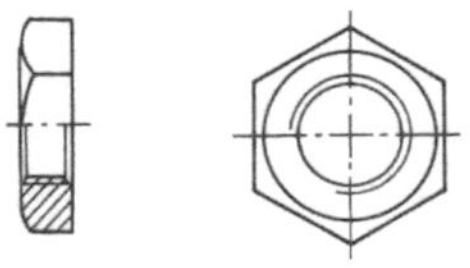

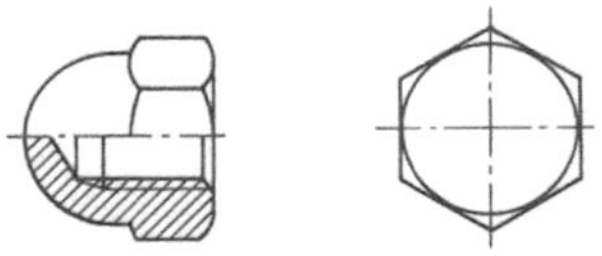

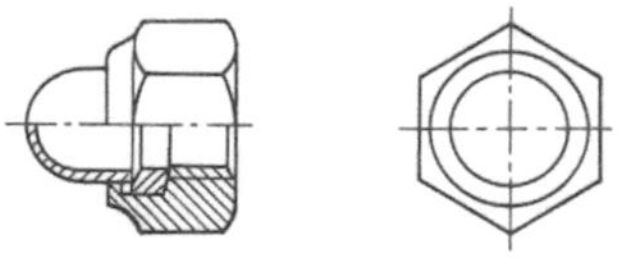

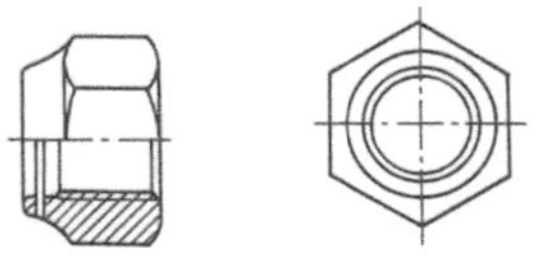

| | |
|---|---|
| **6254.0** | D   Kronenmutter<br>E   Tuerca almenada<br>F   Ecrou crénaux<br>GB  Castle nut<br>I    Dado esagonale ad intagli<br>NL  Kroonmoer<br>S   Kronmutter<br>SF  Kruunumutteri |
| **6254.1** | D   Kronenmutter, normal<br>E   Tuerca almenada alta<br>F   Ecrou crénaux haut<br>GB  Castle nut normal<br>I    Dado esagonale ad intagli<br>NL  Kroonmoer, hoog<br>S   Normal kronmutter<br>SF  Kruunumutteri |
| **6254.2** | D   Flache Kronenmutter<br>E   Tuerca almenada delgada<br>F   Ecrou crénaux mince<br>GB  Castle nut, thin<br>I    Dado esagonale ribassato ad intagli<br>NL  Kroonmoer, laag<br>S   Låg kronmutter<br>SF  Matala kruunumutteri |
| **6255** | D   Ankermutter<br>E   Tuerca cuadrada<br>F   Ecrou d'ancrage<br>GB  Special foundation nut<br>I    Dado quadro<br>NL  Ankermoer<br>S   Ankarmutter<br>SF  Perustusmutteri |
| **6256** | D   Schlitzmutter<br>E   Tuerca amortajada<br>F   Ecrou cylindrique à rainure<br>GB  Slotted round nut<br>I    Dado cilindrico ad intaglio<br>NL  Cilindermoer met zaagsnede<br>S   Spårmutter<br>SF  Uramutteri |

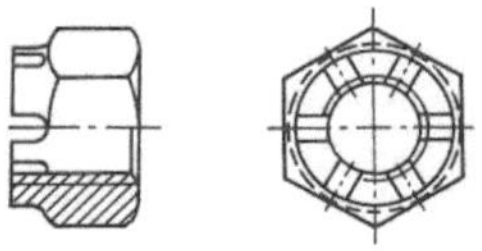

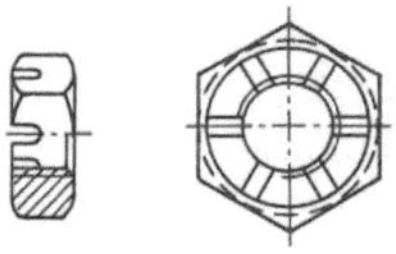

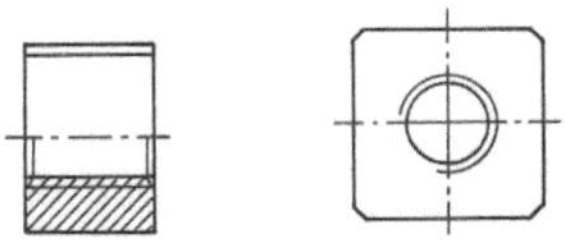

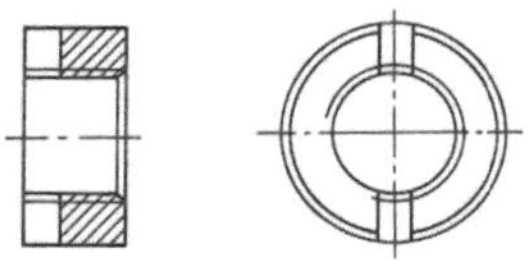

| 6257 | | D Zweilochmutter<br>E Tuerca cilíndrica con dos taladros ciegos<br>F Ecrou cylindrique à deux trous sur une face<br>GB Round nut with holes in one face<br>I Dado cilindrico a due fori frontali<br>NL Cilindermoer met twee gaten<br>S Rund mutter med 2 pinnhål<br>SF Päätyreikämutteri |
| --- | --- | --- |
| 6258 | | D Kreuzlochmutter<br>E Tuerca cilíndrica taladrada en cruz<br>F Ecrou cylindrique, perforé en croix<br>GB Round nut with radial holes<br>I Dado cilindrico a fori a croce laterali<br>NL Cilindermoer met kruisgaten<br>S Korshålsmutter<br>SF Sivureikämutteri |
| 6259 | | D Nutmutter<br>E Tuerca ranurada<br>F Ecrou cylindrique à 4 encoches<br>GB Slotted round nut for C spanner<br>I Ghiera con intagli<br>NL Gleufmoer<br>S Rund mutter med 4 spår<br>SF Sivu-uramutteri |
| 6260.0 | | D Rändelmutter<br>E Tuerca moleteada<br>F Ecrou cylindrique moleté<br>GB Knurled nut<br>I Dado cilindrico zigrinato<br>NL Gekartelde cilindermoer<br>S Räfflad mutter<br>SF Pyälletty mutteri |
| 6260.1 | | D Rändelmutter, hohe<br>E Tuerca moleteada alta<br>F Ecrou cylindrique moleté haut<br>GB Knurled nut, high<br>I Dado cilindrico zigrinato con risalto<br>NL Gekartelde cilindermoer, hoog<br>S Hög räfflad mutter<br>SF Pyälletty mutteri |

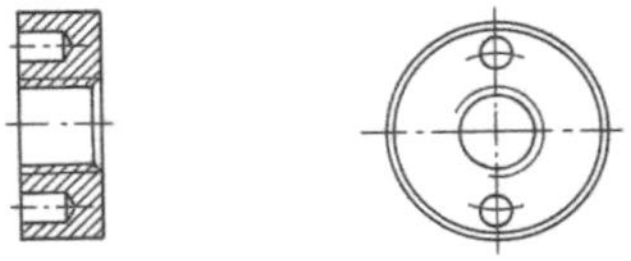

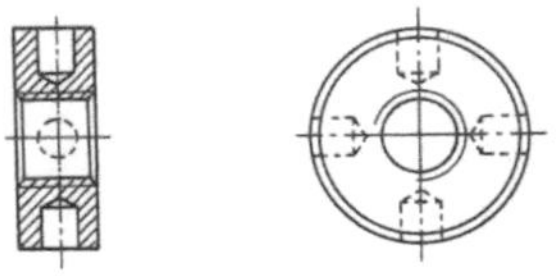

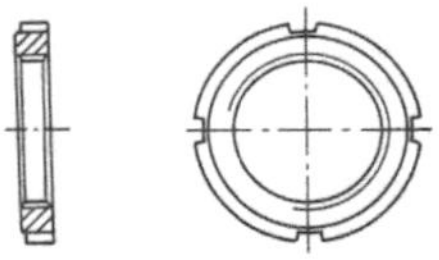

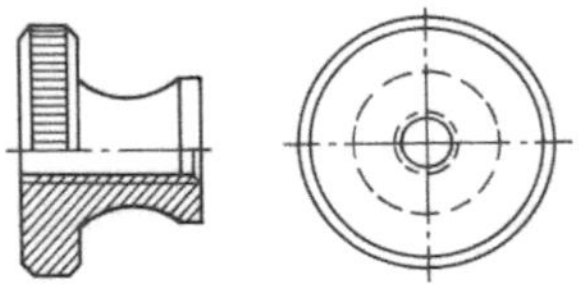

| | | |
|---|---|---|
| **6260.2** | | D Rändelmutter, flache<br>E Tuerca moleteada baja<br>F Ecrou cylindrique moleté bas<br>GB Knurled nut, shallow<br>I Dado cilindrico zigrinato con colletto<br>NL Gekartelde cilindermoer, laag<br>S Låg räfflad mutter<br>SF Matala pyälletty mutteri |
| **6261** | | D Flügelmutter<br>E Tuerca de mariposa<br>F Ecrou à oreilles<br>GB Wing nut<br>I Dado ad alette<br>NL Vleugelmoer<br>S Vingmutter<br>SF Siipimutteri |
| **6262** | | D Ringmutter<br>E Tuerca cáncamo<br>F Ecrou à anneau<br>GB Eye nut<br>I Golfare ad occhio cilindrico con foro filettato<br>NL Oogmoer<br>S Öglemutter<br>SF Nostosilmukkamutteri |
| **6263** | | D Sicherungsmutter<br>E Arandela embutida de seguridad<br>F Ecrou de sécurité embouti<br>GB Pressed self locking counter nut<br>I Dado esagonale elastico (di sicurezza)<br>NL Borgmoer<br>S Självlåsande kontramutter<br>SF Lukkiutuva vastamutteri |
| **6264** | | D Kontermutter<br>E Contratuerca<br>F Contre-écrou<br>GB Lock nut<br>I Controdado<br>NL Tegenmoer<br>S Kontramutter<br>SF Vastamutteri |

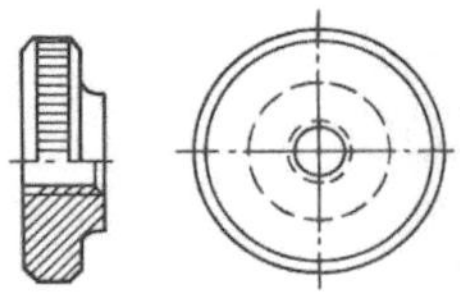

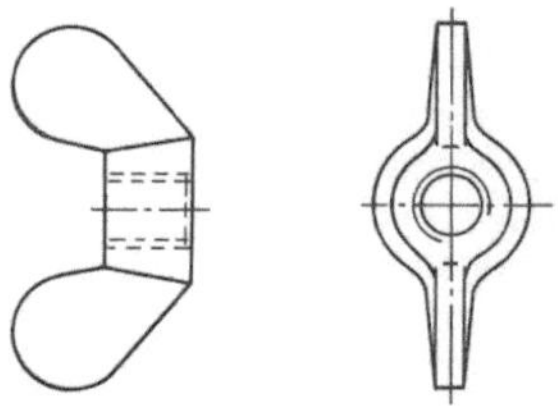

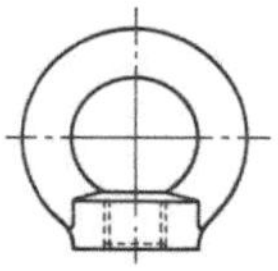

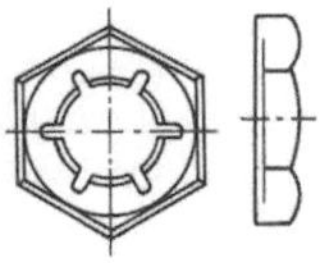

| 6270 | | D Sicherungen<br>E Arandelas<br>F Rondelles<br>GB Washers<br>I Rosette<br>NL Ringen<br>S Brickor<br>SF Aluslaatat |
| --- | --- | --- |
| 6271.0 | | D Unterlegscheibe<br>E Arandela<br>F Rondelle plate<br>GB Flat washer<br>I Rosetta piana<br>NL Vlakke sluitring<br>S Plan bricka<br>SF Aluslaatta |
| 6271.1 | | D Unterlegscheibe ohne Fase<br>E Arandela plana<br>F Rondelle plate sans chanfrein<br>GB Flat washer without chamfer<br>I Rosetta piana normale<br>NL Vlakke sluitring, normaal<br>S Bricka utan fas<br>SF Viistämätön aluslaatta |
| 6271.2 | | D Unterlegscheibe mit Fase<br>E Arandela achaflanada<br>F Rondelle plate avec chanfrein<br>GB Flat washer with chamfer<br>I Rosetta piana con smusso esterno<br>NL Vlakke sluitring met afschuining<br>S Bricka med fas<br>SF Viistetty aluslaatta |
| 6272.0 | | D Unterlegscheibe viereckig<br>E Arandela cuadrada en cuña<br>F Plaquette oblique<br>GB Square tapered washer<br>I Piastrina di appoggio su ali di trave<br>NL Vierhoekige hellingsluitplaat<br>S Fyrkantig konisk bricka<br>SF Vinoaluslaatta |

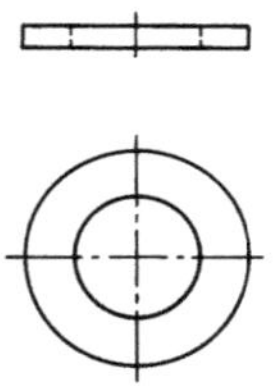

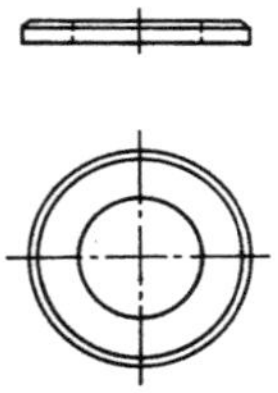

| 6272.1 | | D   Unterlegscheibe viereckig für U-Profile<br>E   Arandela cuadrada en cuña perfil en U<br>F   Plaquette oblique pour profilé en U<br>GB  Square tapered washer for U sections<br>I    Piastrina di appoggio su ali di trave per profilo ad U<br>NL  Vierhoekige hellingsluitplaat voor U-profielen<br>S   Fyrkantig konisk bricka för U-balk<br>SF  Vinoaluslaatta U-palkkia varten |
|---|---|---|
| 6272.2 | | D   Unterlegscheibe viereckig für I-Profile<br>E   Arandela cuadrada en cuña perfil en I<br>F   Plaquette oblique pour profilé en I<br>GB  Square tapered washer for I sections<br>I    Piastrina di appoggio su ali di trave per profilo ad I<br>NL  Vierhoekige hellingsluitplaat voor I-profielen<br>S   Fyrkantig konisk bricka för I-balk<br>SF  Vinoaluslaatta I-palkkia varten |
| 6273.0 | | D   Federring<br>E   Arandela resorte<br>F   Rondelle à ressort<br>GB  Spring washer<br>I    Rosetta elastica spaccata<br>NL  Open veerring<br>S   Fjäderbricka<br>SF  Jousialuslaatta |
| 6273.1 | | D   Federring, aufgebogen<br>E   Arandela resorte plana (grower)<br>F   Rondelle à ressort fendue normale<br>GB  Split spring washer<br>I    Rosetta elastica spaccata<br>NL  Open veerring, normaal<br>S   Öpen fjäderbricka<br>SF  Nokallinen jousialuslaatta |
| 6273.2 | | D   Federring, gewölbt<br>E   Arandela resorte ondulada<br>F   Rondelle à ressort ondulée<br>GB  Split, crinkled, spring washer<br>I    Rosetta elastica spaccata ondulata<br>NL  Open veerring, gegolfd<br>S   Öppen vågformad fjäderbricka<br>SF  Aaltomainen jousialuslaatta |

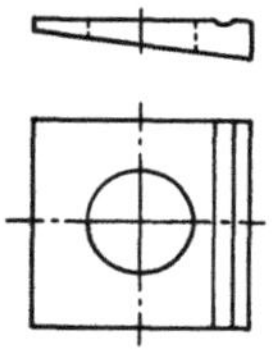

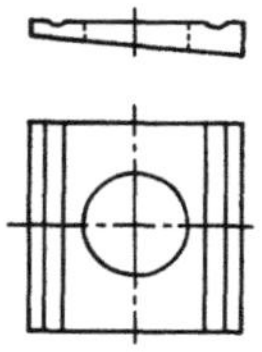

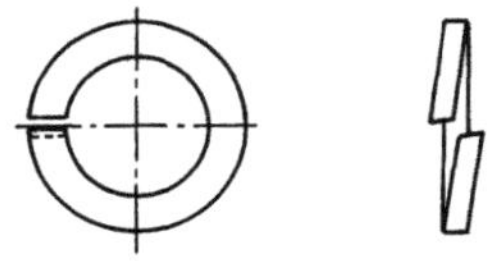

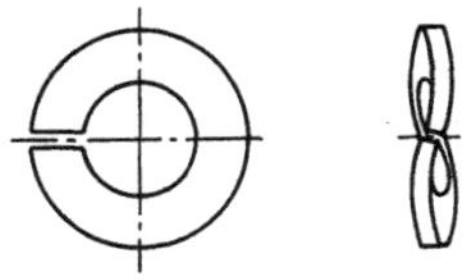

| 6273.3 | | D Federring mit Schutzmantel<br>E Arandela resorte con anillo de seguridad<br>F Rondelle à ressort et anneau de protection<br>GB Split spring washer with safety ring<br>I Rosetta elastica spaccata con anello di protezione<br>NL Open veerring met veiligheidsring<br>S Öppen fjäderbricka med skyddsring<br>SF Varmistusrengasjousialuslaatta |
|---|---|---|
| 6274.0 | | D Federscheibe<br>E Arandela resorte<br>F Rondelle élastique<br>GB Spring washer<br>I Rosetta elastica<br>NL Veerring<br>S Fjäderbricka<br>SF Jousialuslaatta |
| 6274.1 | | D Federscheibe, gebogen<br>E Arandela resorte curvada<br>F Rondelle élastique galbée<br>GB Spring washer curved<br>I Rosetta elastica curvata<br>NL Veerring, gebogen<br>S Välvd fjäderbricka<br>SF Kupera jousialuslaatta |
| 6274.2 | | D Federscheibe, gewölbt<br>E Arandela resorte ondulada<br>F Rondelle elastique voilée<br>GB Spring washer wavy<br>I Rosetta élastica ondulata<br>NL Veerring, gegolfd<br>S Vågformad fjäderbricka<br>SF Aaltomainen jousialuslaatta |
| 6275 | | D Spannscheibe<br>E Arandela de platillo<br>F Rondelle élastique conique<br>GB Conical spring washer<br>I Rosetta elastica conica<br>NL Schotelveerring<br>S Konisk fjäderbricka<br>SF Kartiomainen aluslaatta |

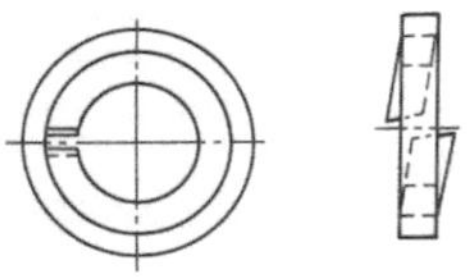

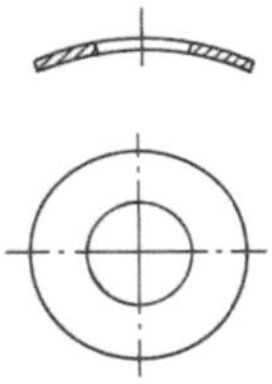

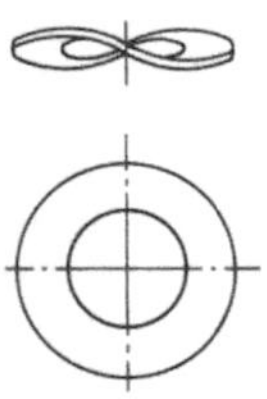

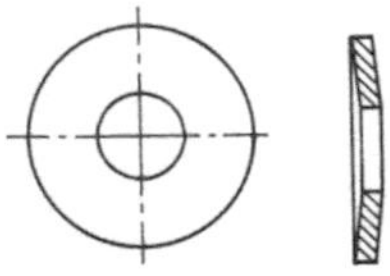

| 6276.0 | | D Zahnscheibe<br>E Arandela elástica dentada<br>F Rondelle élastique à denture<br>GB Toothed lock washer<br>I Rosetta elastica<br>NL Tandveerring<br>S Tandad låsbricka<br>SF Hammasaluslaatta |
|---|---|---|
| 6276.1 | | D Zahnscheibe, außenverzahnt<br>E Arandela elástica dentado exterior<br>F Rondelle élastique à denture extérieure<br>GB Toothed lock washer with external teeth<br>I Rosetta piana con dentatura esterna<br>NL Tandveerring, uitwendig getand<br>S Yttertandad låsbricka<br>SF Kehähampainen aluslaatta |
| 6276.2 | | D Zahnscheibe, innenverzahnt<br>E Arandela elástica dentado interior<br>F Rondelle élastique à denture intérieure<br>GB Toothed lock washer with internal teeth<br>I Rosetta piana con dentatura interna<br>NL Tandveerring, inwendig getand<br>S Innertandad låsbricka<br>SF Reikähampainen aluslaatta |
| 6276.3 | | D Zahnscheibe, versenkt<br>E Arandela elástica embutida y dentada<br>F Rondelle élastique à denture en cuvette<br>GB Toothed lock washer, countersunk<br>I Rosetta svasata con dentatura esterna<br>NL Tandveerring, verzonken<br>S Konisk yttertandad låsbricka<br>SF Uppokannan kehähampainen aluslaatta |
| 6277.0 | | D Fächerscheibe<br>E Arandela de abanico<br>F Rondelle élastique éventail<br>GB Serrated lock washer<br>I Rosetta elastica con dentatura sovrapposta<br>NL Waaierveerring<br>S Räfflad låsbricka<br>SF Lohkoaluslaatta |

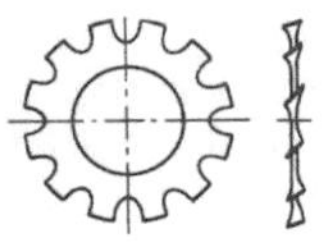

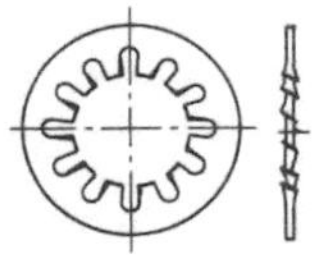

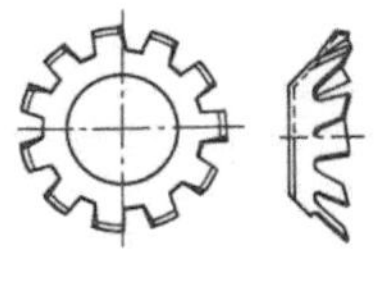

| 6277.1 | | D Fächerscheibe, außenverzahnt<br>E Arandela de abanico dentado exterior<br>F Rondelle élastique éventail à denture extérieure<br>GB Serrated lock washer with external teeth<br>I Rosetta piana con dentatura esterna sovrapposta<br>NL Waaierveerring, uitwendig getand<br>S Ytterräfflad låsbricka<br>SF Kehälohkoinen aluslaatta |
| --- | --- | --- |
| 6277.2 | | D Fächerscheibe, innenverzahnt<br>E Arandela de abanico dentado interior<br>F Rondelle élastique éventail à denture intérieure<br>GB Serrated lock washer with internal teeth<br>I Rosetta piana con dentatura interna sovrapposta<br>NL Waaierveerring, inwendig getand<br>S Innerräfflad låsbricka<br>SF Reikälohkoinen aluslaatta |
| 6277.3 | | D Fächerscheibe versenkt<br>E Arandela de abanico embutida y dentada<br>F Rondelle élastique éventail en cuvette<br>GB Serrated lock washer, countersunk<br>I Rosetta svasata con dentatura esterna sovrapposta<br>NL Waaierveerring, verzonken<br>S Konisk ytterräfflad låsbricka<br>SF Uppokannan kehälehtinen aluslaatta |
| 6278.0 | | D Sicherungsblech<br>E Arandela de seguridad<br>F Rondelle de sécurité à aileron<br>GB Tab washer<br>I Rosetta di sicurezza con linguetta<br>NL Lipborgplaat<br>S Låsbleck med vikarm<br>SF Lehtialuslaatta |
| 6278.1 | | D Sicherungsblech mit 1 Lappen<br>E Arandela de seguridad con una aleta<br>F Rondelle de sécurité à un aileron<br>GB Tab washer with 1 tab<br>I Rosetta di sicurezza con 1 linguetta<br>NL Lipbrogplaat met één lip<br>S Låsbleck med en vikarm<br>SF Yksilehtinen aluslaatta |

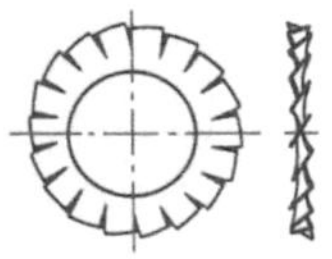

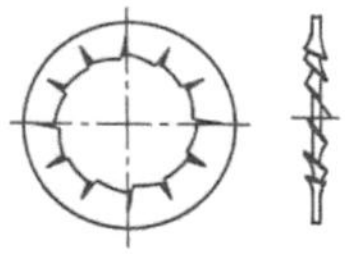

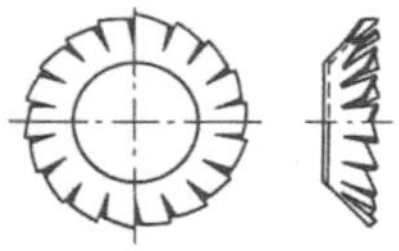

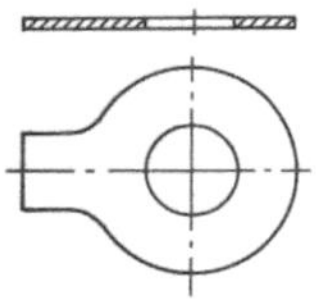

| 6278.2 | | D Sicherungsblech mit 2 Lappen<br>E Arandela de seguridad con dos aletas<br>F Rondelle de sécurité à deux ailerons<br>GB Tab washer with 2 tabs<br>I Rosetta di sicurezza con 2 linguette ad angolo<br>NL Lipborgplaat met twe lippen<br>S Låsbleck med två vikarmar<br>SF Kaksilehtinen aluslaatta |
|---|---|---|
| 6279.0 | | D Sicherungsblech<br>E Arandela de seguridad<br>F Rondelle frein d'écrou à ergot<br>GB Tab washer<br>I Rosetta di sicurezza con nasello<br>NL Nokborgring<br>S Låsbleck med läpp<br>SF Kielialuslaatta |
| 6279.1 | | D Sicherungsblech mit Nase<br>E Arandela de seguridad con pestaña exterior<br>F Rondelle frein d'écrou à ergot extérieur<br>GB Tab washer with external tab<br>I Rosetta di sicurezza con nasello esterno<br>NL Nokbrogplaat, uitwendig<br>S Låsbleck med ytterläpp<br>SF Kehäkielinen aluslaatta |
| 6279.2 | | D Sicherungsblech mit Innennase<br>E Arandela de seguridad con pestaña interior<br>F Rondelle frein d'écrou à ergot intérieur<br>GB Tab washer with internal tab<br>I Rosetta di sicurezza con nasello interno<br>NL Nokborgring, inwendig<br>S Låsbleck med innerläpp<br>SF Reikäkielinen aluslaatta |
| 6290 | | D Sicherungsring für Wellen<br>E Anillo elástico para ejes<br>F Segment d'arrêt (arbre)<br>GB External circlip<br>I Anello d'arresto per alberi<br>NL Veerborgring, uitwendig<br>S Låsring för axel<br>SF Akselivarmistin |

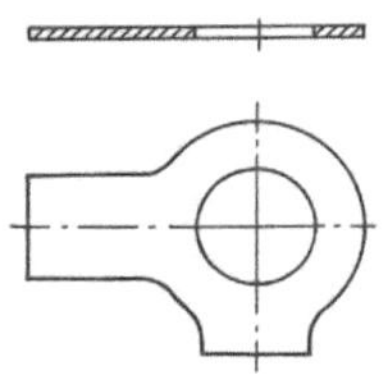

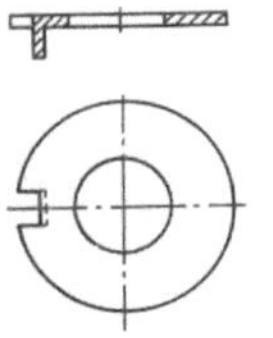

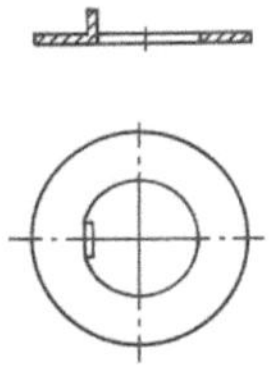

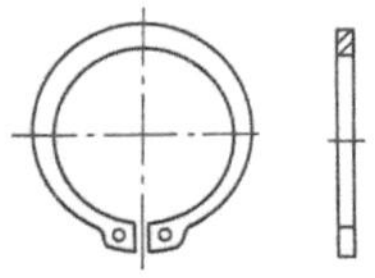

| 6291 | | D Sicherungsring für Bohrungen<br>E Anillo elástico para agujeros<br>F Segment d'arrêt (alésage)<br>GB Internal circlip<br>I Anello d'arresto per fori<br>NL Veerborgring, inwendig<br>S Låsring för hål<br>SF Reikävarmistin |
| 6292 | | D Runddraht-Sprengring<br>E Anillo de retención circular<br>F Anneau de retenue circulaire<br>GB Round wire snap rings<br>I Anello elastico di arresto (forma A oppure B)<br>NL Cilindrische veerborgring<br>S Låsring utan öron<br>SF Lankavarmistin |
| 6293 | | D Sicherungsscheibe für Wellen<br>E Arandela de seguridad para ejes<br>F Segment d'arrêt (à montage radial)<br>GB Radial retaining ring for shafts<br>I Anello radiale d'arresto<br>NL Opsteekasborgring<br>S Låsskiva för axel<br>SF Varmistinlevy |
| | | |
| 6300 | | D Ring<br>E Anillo<br>F Bague<br>GB Ring<br>I Anello<br>NL Ring<br>S Ring<br>SF Rengas |

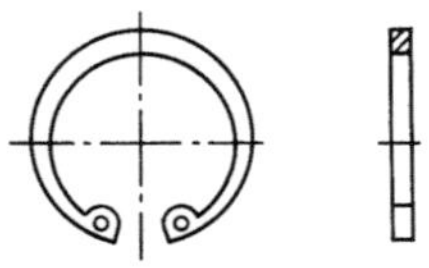

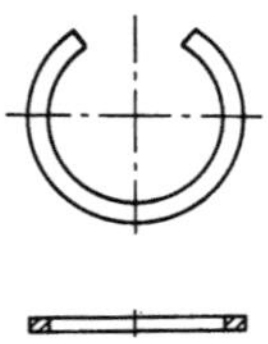

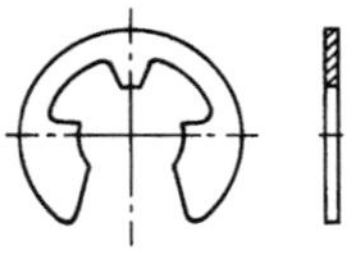

| 6301 | | D   Abstandsring<br>E   Anillo distanciador<br>F   Entretoise<br>GB   Spacing bush<br>I   Distanziale<br>NL   Afstandsring<br>S   Distansring<br>SF   Välirengas |
|---|---|---|
| 6302 | | D   Stellring<br>E   Anillo de tope<br>F   Bague d'arrêt<br>GB   Clamp ring<br>I   Anello d'arresto<br>NL   Stelring<br>S   Stoppring<br>SF   Säätörengas |
| 6303 | | D   Zentrierring<br>E   Anillo de centraje<br>F   Bague de centrage<br>GB   Centering ring<br>I   Anello di centratura<br>NL   Centreerring<br>S   Centreringsring<br>SF   Keskitysrengas |
| 6304 | | D   Halber Ring<br>E   Semianillo<br>F   Demi-bague<br>GB   Half ring<br>I   Semianello<br>NL   Gedeelde ring<br>S   Ringhalva<br>SF   Puolikasrengas |
| 6305 | | D   Ring mit Schulter<br>E   Anillo de apoyo<br>F   Bague épaulée<br>GB   Shouldered ring<br>I   Distanziale di spallamento<br>NL   Kraagring<br>S   Ring med skuldra<br>SF   Laipparengas |

| 6306 | | D Außenkeilnabe<br>E Anillo estriado<br>F Bague cannelée<br>GB Slotted ring (external slots)<br>I Anello scanalato<br>NL Groefring<br>S Ring med spår<br>SF Uritettu rengas |
| --- | --- | --- |
| 6307 | | D Paßscheibe<br>E Anillo de reglaje<br>F Bague d'ajustage<br>GB Shim<br>I Spessore d'aggiustaggio<br>NL Afstelring<br>S Distansbricka<br>SF Soviterengas |
| 6310 | | D Stift<br>E Pasador<br>F Goupille<br>GB Dowel pin<br>I Copiglia<br>NL Pen<br>S Pinne<br>SF Sokka |
| 6311 | | D Splint<br>E Pasador de aletas<br>F Goupille fendue<br>GB Split pin<br>I Copiglia divisa<br>NL Splitpen<br>S Saxpinne<br>SF Saksisokka |
| 6312 | | D Zylinderstift<br>E Pasador cilíndrico<br>F Goupille cylindrique<br>GB Cylindrical dowel<br>I Spina cilindrica<br>NL Cilindrische pen<br>S Cylindrisk pinne<br>SF Lieriösokka |

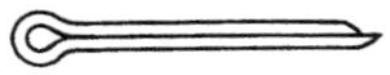

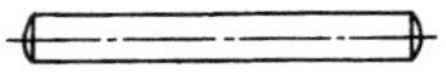

| 6313 | | D   Kegelstift<br>E   Pasador cónico<br>F   Goupille conique<br>GB  Taper dowel<br>I   Spina conica<br>NL  Kegelpen<br>S   Konisk pinne<br>SF  Kartiosokka |
|---|---|---|
| 6314 | | D   Kerbstift<br>E   Pasador estriado<br>F   Goupille cannelée<br>GB  Grooved dowel pin<br>I   Spina scanalata<br>NL  Gegroefde pen<br>S   Räfflad pinne<br>SF  Uritettu sokka |
| 6315 | | D   Spannhülse<br>E   Pasador elástico<br>F   Goupille élastique<br>GB  Spring dowel<br>I   Spina elastica<br>NL  Verende pen<br>S   Fjäderpinne<br>SF  Jousisokka |
| 6316 | | D   Sicherungsstift<br>E   Clavija de rotura<br>F   Goupille de sécurité<br>GB  Shear pin<br>I   Spina di sicurezza<br>NL  Breekpen<br>S   Brytpinne<br>SF  Murtotappi |
| 6317 | | D   Zentrierstift<br>E   Pasador de centraje<br>F   Goupille de centrage<br>GB  Locating dowel<br>I   Spina di riferimento<br>NL  Centreerpen<br>S   Styrpinne<br>SF  Ohjaussokka |

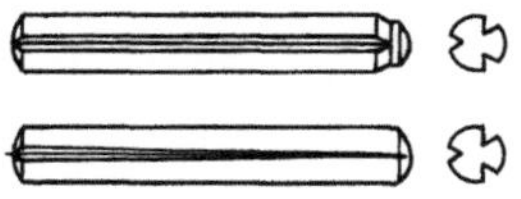

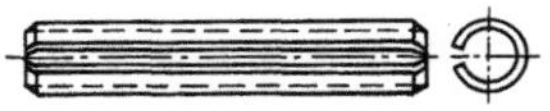

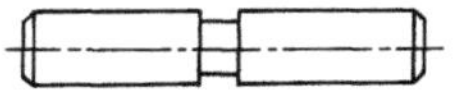

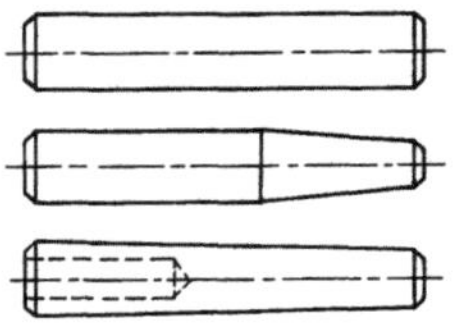

| 6318 | | D Buchse<br>E Casquillo<br>F Douille<br>GB Bush<br>I Bussola<br>NL Bus<br>S Bussning<br>SF Holkki |
|---|---|---|
| 6319 | | D Flanschbuchse<br>E Casquillo con valona<br>F Douille épaulée<br>GB Flanged bush<br>I Bussola flangiata<br>NL Flensbus<br>S Flänsbussning<br>SF Laippaholkki |
| 6320 | | D Gerillte Buchse<br>E Casquillo estriado<br>F Douille cannelée<br>GB Grooved bush<br>I Bussola scanalata<br>NL Gegroefde bus<br>S Räfflad bussning<br>SF Uraholkki |
| 6321 | | D Gewindebuchse<br>E Casquillo roscado<br>F Douille vissée<br>GB Screwed bush<br>I Bussola con scanalatura elicoidale<br>NL Bus met schroefdraad<br>S Gängad bussning<br>SF Kierreholkki |
| 6330.0 | | D Paßfeder<br>E Chaveta<br>F Clavette<br>GB Key<br>I Chiavetta<br>NL Spie<br>S Kil<br>SF Kiila |

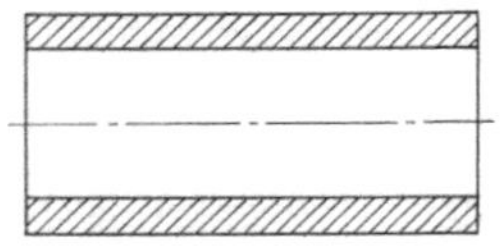

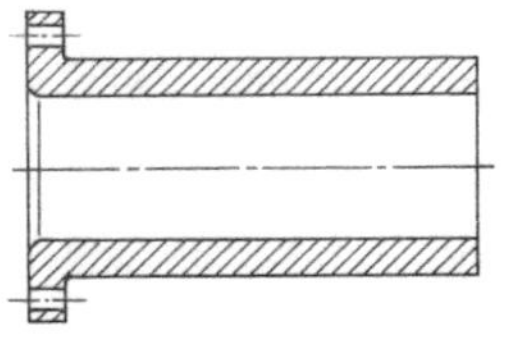

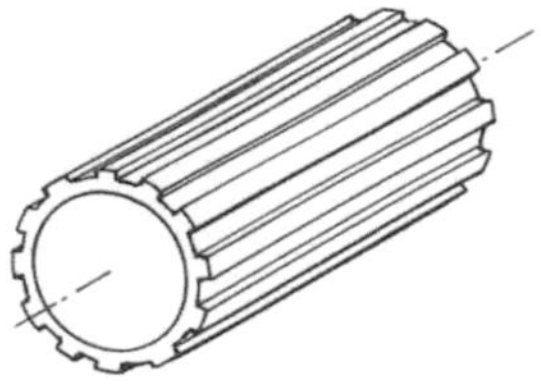

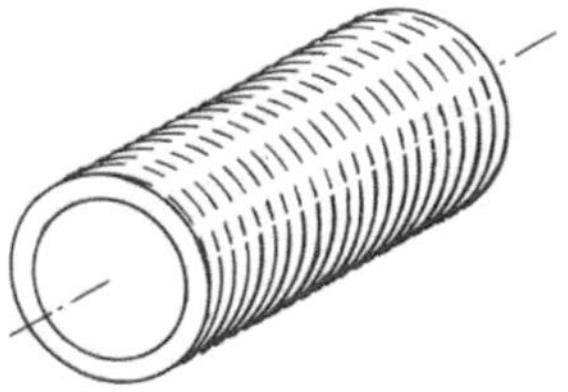

| | | |
|---|---|---|
| **6330.1** | | D  Paßfeder, parallel<br>E  Chaveta paralela<br>F  Clavette parallèle<br>GB  Key parallel<br>I  Linguetta parallela<br>NL  Spie, evenwijdig<br>S  Kil, parallell<br>SF  Tasakiila |
| **6330.2** | | D  Paßfeder, konisch<br>E  Chaveta cónica<br>F  Clavette inclinée<br>GB  Key tapered<br>I  Chiavetta conica<br>NL  Spie, konisch<br>S  Kil, konisk<br>SF  Kartiokiila |
| **6331** | | D  Stufenkeil<br>E  Chaveta escalonada<br>F  Clavette étagée<br>GB  Stepped key<br>I  Linguetta a gradini<br>NL  Trapspie<br>S  Trappkil<br>SF  Porraskiila |
| **6332** | | D  Tangentialkeil<br>E  Chaveta tangencial<br>F  Clavette tangentielle<br>GB  Tangential key<br>I  Linguetta tangenziale<br>NL  Tangentiaalspie<br>S  Tangentialkil<br>SF  Tangentiaalikiila |
| **6333** | | D  Nasenkeil<br>E  Chaveta con cabeza<br>F  Clavette à talon<br>GB  Gib head key<br>I  Chiavetta con nasetto<br>NL  Kopspie<br>S  Hakkil<br>SF  Hokkakiila |

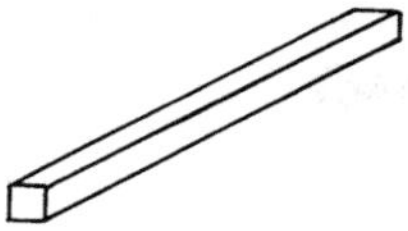

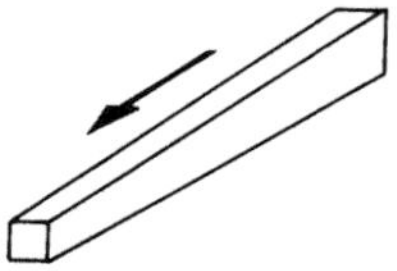

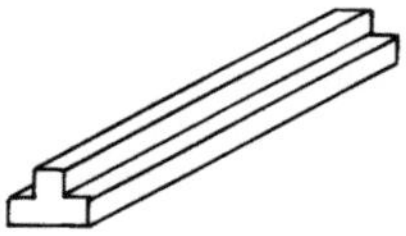

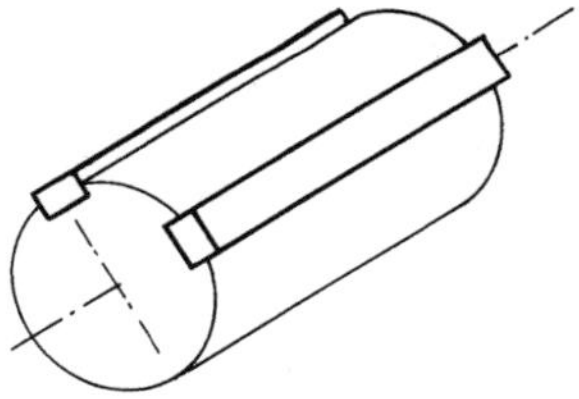

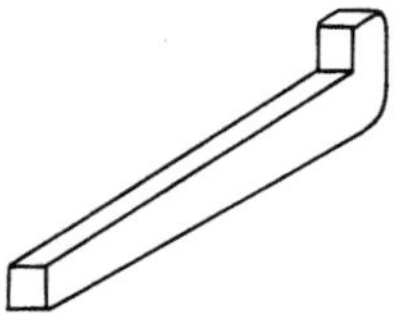

| 6334 | | D Scheibenfeder<br>E Chaveta de media-luna<br>F Clavette demi-lune<br>GB Woodruff key<br>I Linguetta a disco<br>NL Schijfspie<br>S Halvmånformad kil<br>SF Woodruff-kiila |
|---|---|---|
| 6335 | | D Keilpaar<br>E Chaveta regulable de media caña<br>F Clavette réglable<br>GB Fitted key<br>I Chiavetta regolabile<br>NL Stelspie<br>S Kil med justerbar höjd<br>SF Säädettävä kiila |
| 6336 | | D Verschraubbare Feder<br>E Chaveta para atornillar<br>F Clavette à visser<br>GB Key with retaining screw(s)<br>I Linguetta avvitata<br>NL Spie met schroefgaten<br>S Kil med skruv<br>SF Kiila, jossa kiinnitysporaukset |
| 6337 | | D Nut<br>E Chavetero<br>F Rainure de clavette<br>GB Keyway<br>I Cava per chiavetta o linguetta<br>NL Spiebaan<br>S Kilspår<br>SF Kiilaura |
| 6338 | | D Halbrundniet<br>E Remache de cabeza redonda<br>F Rivet à tête ronde<br>GB Round head rivet<br>I Ribattino a testa tonda<br>NL Klinknagel met bolkop<br>S Nit med runt huvud<br>SF Kupukantaniitti |

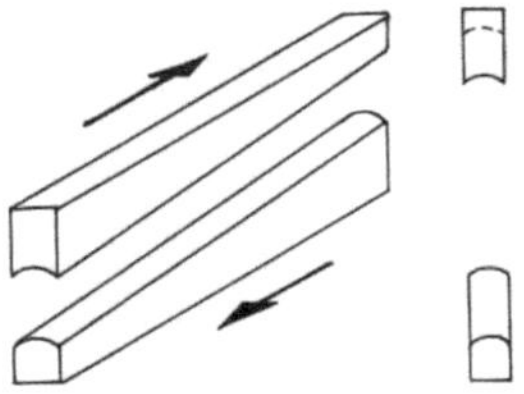

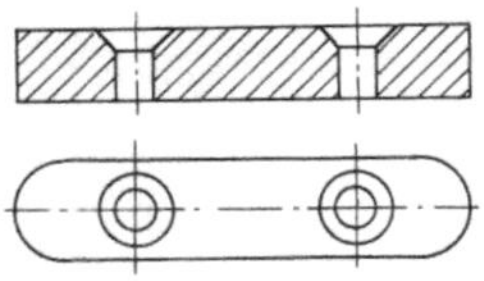

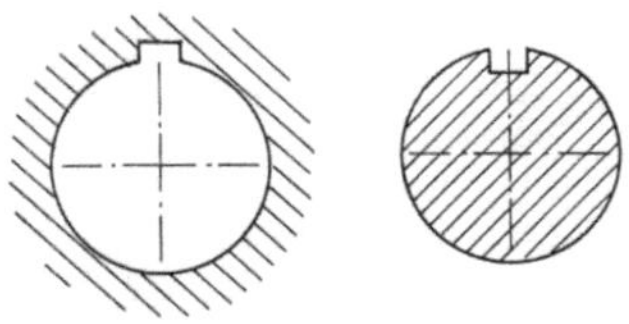

| | | |
|---|---|---|
| **6339** | | D   Senkniet<br>E   Remache de cabeza avellanada<br>F   Rivet à tête conique<br>GB  Pan head rivet<br>I    Ribattino a testa svasata<br>NL  Klinknagel met kegelkop<br>S   Nit med koniskt huvud<br>SF  Uppokantaniitti |
| **6340** | | D   Flansch<br>E   Brida<br>F   Bride<br>GB  Flange<br>I    Flangia<br>NL  Flens<br>S   Fläns<br>SF  Laippa |
| **6341** | | D   Motorflansch<br>E   Brida de motor<br>F   Bride de moteur<br>GB  Motor flange<br>I    Flangia motore<br>NL  Motorflens<br>S   Motorfläns<br>SF  Moottorilaippa |
| **6342** | | D   Stützflansch<br>E   Brida de apoyo<br>F   Flasque d'appui<br>GB  Support flange<br>I    Flangia d'appoggio<br>NL  Steunflens<br>S   Stödfläns<br>SF  Tukilaippa |
| **6343** | | D   Bedienungshebel<br>E   Palanca de mando<br>F   Levier de comande<br>GB  Control lever<br>I    Leva di comando<br>NL  Bedieningshefboom<br>S   Manöverspak<br>SF  Käyttövipu |

| 6344 | | D Drehmomentbegrenzer<br>E Limitador de par<br>F Limiteur d'effort<br>GB Torque limiter<br>I Limitatore di momento torcente<br>NL Koppelbegrenzer<br>S Momentbegränsare<br>SF Vääntömomentin rajoitin |
|---|---|---|
| 6345 | | D Geschwindigkeitsbegrenzer<br>E Limitador de sobre-velocidad<br>F Limiteur de survitesse<br>GB Upper speed limiter<br>I Limitatore di velocità<br>NL Snelheidsbegrenzer<br>S Hastighetsbegränsare<br>SF Pyörimisnopeuden rajoitin |
| 6346 | | D Freilauf<br>E Rueda libre<br>F Roue libre<br>GB Freewheel<br>I Ruota libera<br>NL Vrijloop<br>S Frihjul<br>SF Vapaakytkin |
| 6347 | | D Rücklaufsperre<br>E Antirretroceso<br>F Antidévireur<br>GB Backstop<br>I Anti-retro<br>NL Teruglooprem<br>S Backspärr<br>SF Takaisinpyörintäjarru |
| 6348 | | D Schwungrad<br>E Volante<br>F Volant<br>GB Flywheel<br>I Volano<br>NL Vliegwiel<br>S Svänghjul<br>SF Vauhtipyörä |

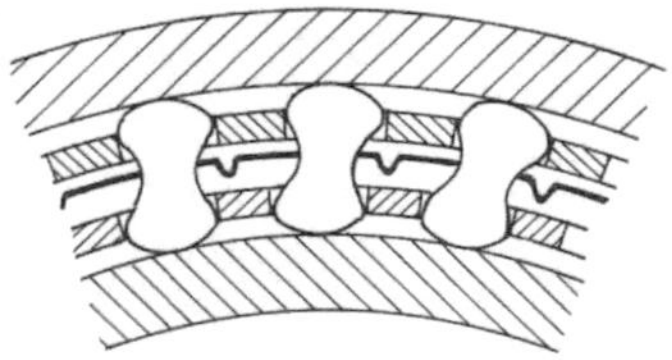

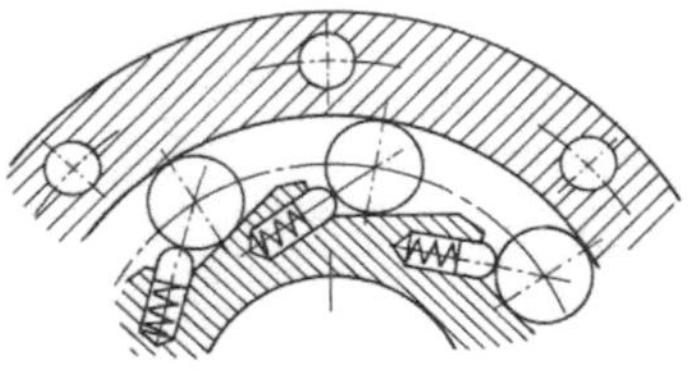

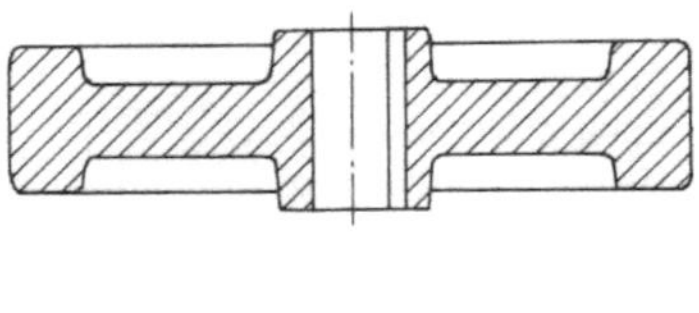

| 6349 | | D  Drehmomentenstütze<br>E  Brazo de reacción<br>F  Bras de réaction<br>GB  Torque réaction arm<br>I  Braccio di reazione<br>NL  Reaktiestang<br>S  Momentstöd<br>SF  Ankkurointitanko |
|---|---|---|
| | | |
| 6400 | | D  Lager<br>E  Cojinete<br>F  Palier<br>GB  Bearing<br>I  Cuscinetto<br>NL  Lager<br>S  Lager<br>SF  Laakeri |
| 6401 | | D  Wälzlager<br>E  Rodamiento<br>F  Palier à roulement<br>GB  Rolling element bearing<br>I  Cuscinetto volvente (a rotolamento)<br>NL  Wentellager<br>S  Rullningslager<br>SF  Vierintälaakeri |
| 6402 | | D  Radiallager<br>E  Rodamiento radial<br>F  Roulement radial<br>GB  Radial bearing<br>I  Cuscinetto radiale<br>NL  Radiaal lager<br>S  Radiallager<br>SF  Säteislaakeri |

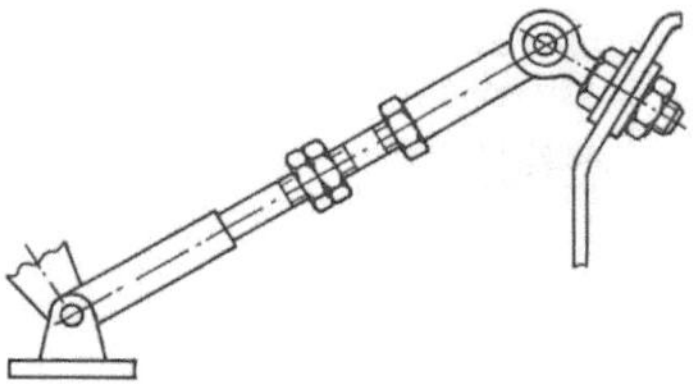

| | | |
|---|---|---|
| **6403** | | D Axiallager<br>E Rodamiento axial<br>F Butée axiale<br>GB Thrust bearing<br>I Cuscinetto assiale<br>NL Axiaal lager<br>S Axiallager<br>SF Aksiaalilaakeri |
| **6404** | | D Gleitlager<br>E Cojinete de deslizamiento<br>F Palier lisse<br>GB Sliding bearing<br>I Cuscinetto liscio<br>NL Glijlager<br>S Glidlager<br>SF Liukulaakeri |
| **6405** | | D Kugellager<br>E Rodamiento de bolas<br>F Roulement à billes<br>GB Ball bearing<br>I Cuscinetto a sfere<br>NL Kogellager<br>S Kullager<br>SF Kuulalaakeri |
| **6406** | | D Rollenlager<br>E Rodamiento de rodillos<br>F Roulement à rouleaux<br>GB Roller bearing<br>I Cuscinetto a rulli<br>NL Rollager<br>S Rullager<br>SF Rullalaakeri |
| **6407** | | D Nadellager<br>E Rodamiento de agujas<br>F Roulement à aiguilles<br>GB Needle roller bearing<br>I Cuscinetto a rullini<br>NL Naaldlager<br>S Nållager<br>SF Neulalaakeri |

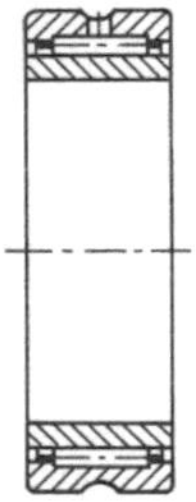

| | | |
|---|---|---|
| **6408** | | D   Radial-Kugellager<br>E   Rodamiento radial de bolas<br>F   Roulement à billes (contact radial)<br>GB  Radial ball bearing<br>I   Cuscinetto radiale a sfere<br>NL  Radiaal kogellager<br>S   Radialkullager<br>SF  Säteiskuulalaakeri |
| **6409** | | D   Axial-Kugellager<br>E   Rodamiento axial de bolas<br>F   Butée à billes<br>GB  Thrust ball bearing<br>I   Cuscinetto assiale a sfere<br>NL  Axiaal kogellager<br>S   Axialkullager<br>SF  Painekuulalaakeri |
| **6410** | | D   Radial-Rollenlager<br>E   Rodamiento radial de rodillos<br>F   Roulement à rouleaux à contact radial<br>GB  Radial roller bearing<br>I   Cuscinetto radiale a rulli<br>NL  Radiaal rollager<br>S   Radialrullager<br>SF  Säteisrullalaakeri |
| **6411** | | D   Axial-Rollenlager<br>E   Rodamiento axial de rodillos<br>F   Butée à rouleaux<br>GB  Roller thrust bearing<br>I   Cuscinetto assiale a rulli<br>NL  Axiaal rollager<br>S   Axialrullager<br>SF  Painerullalaakeri |
| **6412** | | D   Nadellager<br>E   Rodamiento radial de agujas<br>F   Roulement à aiguilles radial<br>GB  Radial needle roller bearing<br>I   Cuscinetto radiale a rullini<br>NL  Radiaal naaldlager<br>S   Radialnållager<br>SF  Säteisneulalaakeri |

| | | |
|---|---|---|
| **6413** | | D Axial-Nadellager<br>E Rodamiento axial de agujas<br>F Butée à aiguilles<br>GB Thrust needle roller bearing<br>I Cuscinetto assiale a rullini<br>NL Axiaal naaldlager<br>S Axialnållager<br>SF Paineneulalaakeri |
| **6414** |  | D Rillenkugellager<br>E Rodamiento rígido con una hilera de bolas<br>F Roulement à billes simple rangée<br>GB Single row deep groove ball bearing<br>I Cuscinetto radiale rigido ad una corona di sfere<br>NL Eénrijig radiaal kogellager<br>S Enradigt spårkullager<br>SF Yksirivinen urakuulalaakeri |
| **6415** |  | D Zweireihiges Rillenkugellager<br>E Rodamiento rígido con dos hileras de bolas<br>F Roulement à double rangée de billes<br>GB Double row deep groove ball bearing<br>I Cuscinetto radiale rigido a due corone di sfere<br>NL Tweerijig radiaal kogellager<br>S Tvåradigt spårkullager<br>SF Kaksirivinen urakuulalaakeri |
| **6416** |  | D Schrägkugellager<br>E Rodamiento de contacto angular con una hilera de bolas<br>F Roulement à contact oblique<br>GB Single row angular contact ball bearing<br>I Cuscinetto obliquo ad una corona di sfere<br>NL Eénrijig hoekkontaktkogellager<br>S Enradigt vinkelkontaktkullager<br>SF Yksirivinen viistokuulalaakeri |
| **6417** | 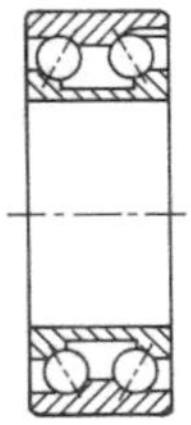 | D Zweireihiges Schrägkugellager<br>E Rodamiento de contacto angular con dos hileras de bolas<br>F Roulement à deux rangées de billes à contact oblique<br>GB Double row angular contact ball bearing<br>I Cuscinetto obliquo a due corone di sfere<br>NL Tweerijig hoekkontaktkogellager<br>S Tvåradigt vinkelkontaktkullager<br>SF Kaksirivinen viistokuulalaakeri |

| | | |
|---|---|---|
| **6418** | | D   Vierpunktlager<br>E   Rodamiento de bolas con cuatro puntos de contacto<br>F   Roulement à quatre points de contact<br>GB  Four-point contact bearing<br>I    Cuscinetto a sfere a quattro contatti<br>NL  Vierpuntskontaktlager<br>S   Fyrpunktskontaktkullager<br>SF  Nelipistelaakeri |
| **6419** | | D   Zylinderrollenlager<br>E   Rodamiento con una hilera de rodillos cilíndricos<br>F   Roulement à galets cylindriques à simple rangée<br>GB  Single row cylindrical roller bearing<br>I    Cuscinetto radiale ad una corona di rulli cilindrici<br>NL  Eénrijig cilinderlager<br>S   Enradigt cylindriskt rullager<br>SF  Yksirivinen lieriörullalaakeri |
| **6420** | 1:12 | D   Zweireihiges Zylinderrollenlager<br>E   Rodamiento con dos hileras de rodillos cilíndricos<br>F   Roulement à galets cylindriques sur deux rangées<br>GB  Double row cylindrical roller bearing<br>I    Cuscinetto radiale a due corone di rulli cilindrici<br>NL  Tweerijig cilinderlager<br>S   Tvåradigt cylindriskt rullager<br>SF  Kaksirivinen lieriörullalaakeri |
| **6421** | | D   Zweireihiges Nadellager<br>E   Rodamiento con dos hileras de agujas<br>F   Roulement sur deux rangées d'aiguilles<br>GB  Double row needle roller bearing<br>I    Cuscinetto a due corone di rullini<br>NL  Tweerijig naaldlager<br>S   Tvåradigt nållager<br>SF  Kaksirivinen neulalaakeri |
| **6422** | 1:12 | D   Pendelkugellager<br>E   Rodamiento oscilante de bolas<br>F   Roulement à rotule à deux rangées de billes<br>GB  Double row self-aligning ball bearing<br>I    Cuscinetto radiale orientabile a sfere<br>NL  Tweerijig zelfinstellend kogellager<br>S   Sfäriskt kullager<br>SF  Pallomainen kuulalaakeri |

| | | |
|---|---|---|
| **6423** | | D Tonnenlager<br>E Rodamiento oscilante con una hilera de rodillos<br>F Roulement à rouleaux tonneaux<br>GB Single row self-aligning roller bearing<br>I Cuscinetto radiale orientabile ad una corona di rulli<br>NL Zelfinstellend eenrijig tonlager<br>S Enradigt sfäriskt rullager<br>SF Tynnyrirullalaakeri |
| **6424** | | D Pendelrollenlager<br>E Rodamiento oscilante con dos hileras de rodillos<br>F Roulement à rotule sur rouleaux<br>GB Double row self-aligning roller bearing<br>I Cuscinetto radiale orientabile a due corone di rulli<br>NL Zelfinstellend tweerijig tonlager<br>S Tvåradigt sfäriskt rullager<br>SF Pallomainen rullalaakeri |
| **6425** | | D Kegelrollenlager<br>E Rodamiento de rodillos cónicos<br>F Roulement à rouleaux coniques<br>GB Taper roller bearing<br>I Cuscinetto a rulli conici<br>NL Kegellager<br>S Koniskt rullager<br>SF Kartiorullalaakeri |
| **6426** | | D Zweireihiges Kegelrollenlager<br>E Rodamiento doble de rodillos cónicos en oposición<br>F Roulement double en opposition<br>GB Double row taper roller bearing<br>I Cuscinetto a due corone di rulli conici<br>NL Dubbel kegellager<br>S Dubbelt koniskt rullager<br>SF Kaksirivinen kartiorullalaakeri |
| **6427** | | D Einseitig wirkendes Axial-Rillenkugellager<br>E Rodamiento axial de bolas de simple efecto<br>F Butée à billes à simple effet<br>GB Single thrust ball bearing<br>I Cuscinetto assiale a sfere a semplice effetto<br>NL Enkel axiaal kogellager<br>S Enkelverkande axialkullager<br>SF Yksisuuntainen painekuulalaakeri |

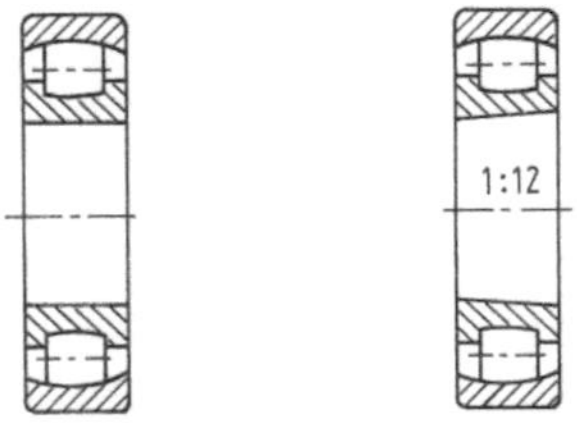

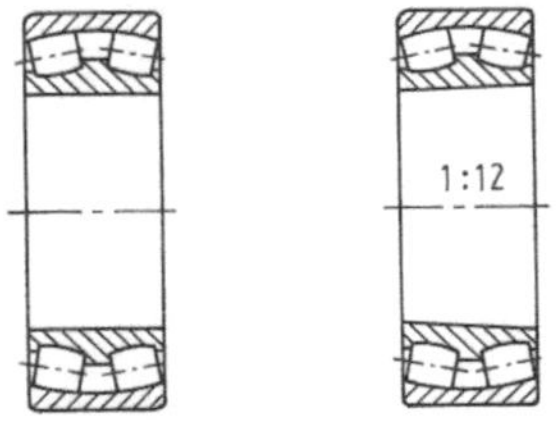

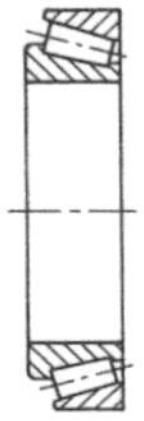

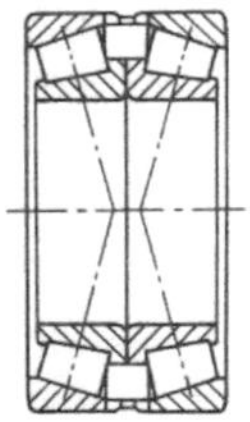

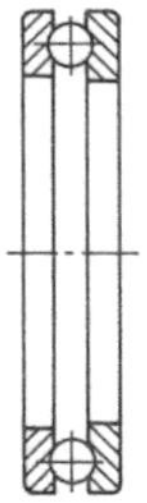

| 6428 | | D Zweiseitig wirkendes Axial-Rillenkugellager<br>E Rodamiento axial de bolas de doble efecto<br>F Butée à billes à double effet<br>GB Double thrust ball bearing<br>I Cuscinetto assiale a sfere a doppio effetto<br>NL Dubbel axiaal kogellager<br>S Dubbelverkande axialkullager<br>SF Kaksisuuntainen painekuulalaakeri |
|---|---|---|
| 6429 | | D Axial-Zylinderrollenlager<br>E Rodamiento axial de rodillos cilíndricos<br>F Butée à rouleaux cylindriques<br>GB Cylindrical roller thrust bearing<br>I Cuscinetto assiale a rulli cilindrici (a semplice effetto)<br>NL Axiaal cilinderlager<br>S Cylindriskt axialrullager<br>SF Lieriömäinen painerullalaakeri |
| 6430 | | D Einseitig wirkendes Axial-Pendelrollenlager<br>E Rodamiento axial de rodillos a rótula<br>F Butée à rotule à rouleaux<br>GB Spherical roller thrust bearing (single thrust)<br>I Cuscinetto assiale orientabile a rulli<br>NL Tontaatslager<br>S Enkelverkande axialrullager<br>SF Yksisuuntainen pallomainen painerullalaakeri |
| 6431 | | D Schulterkugellager<br>E Rodamiento de bolas de contacto angular<br>F Roulement à billes à épaulement<br>GB Magneto type ball bearing<br>I Cuscinetto radiale a sfere sfilabile<br>NL Magneet-kogellager<br>S Speciellt enradigt vinkelkontaktkullager<br>SF Avoin urakuulalaakeri |
| 6432 | | D Loslager<br>E Rodamiento libre<br>F Roulement coulissant<br>GB Floating bearing<br>I Cuscinetto scorrevole<br>NL Los lager<br>S Flytande lager<br>SF Vapaa laakeri |

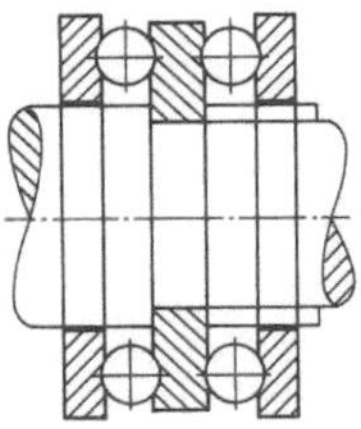

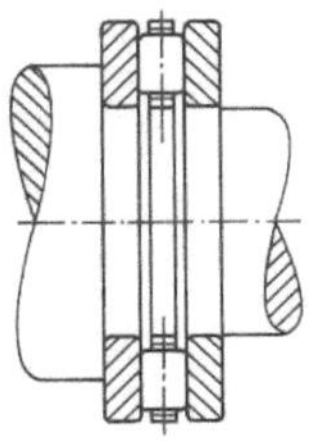

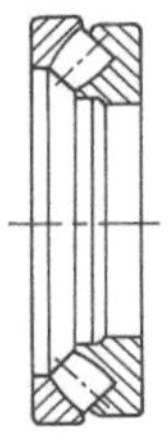

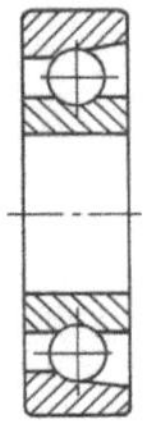

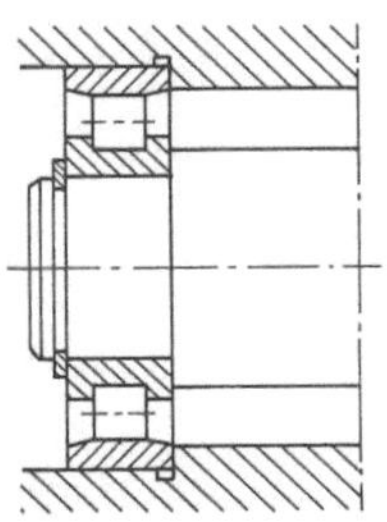

| 6433 | 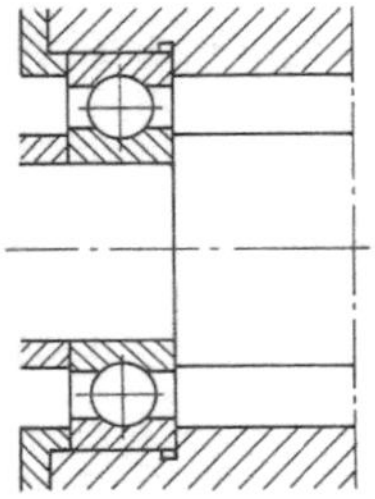 | D   Festlager<br>E   Rodamiento fijo<br>F   Roulement buté<br>GB  Fixed bearing<br>I   Cuscinetto fisso<br>NL  Vast lager<br>S   Fast lager<br>SF  Ohjaava laakeri |
|---|---|---|
| 6434 | | D   Führungslager<br>E   Rodamiento guía<br>F   Roulement de guidage<br>GB  Locating bearing<br>I   Cuscinetto di guida<br>NL  Richtlager<br>S   Styrlager<br>SF  Ohjaava laakeri |
| 6435 | 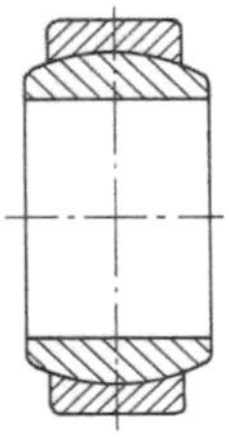 | D   Gelenklager<br>E   Rótula<br>F   Palier à rotule<br>GB  Self-aligning plain bearing<br>I   Snodo sferico<br>NL  Scharnierlager<br>S   Länklager<br>SF  Nivellaakeri |
| 6436 | 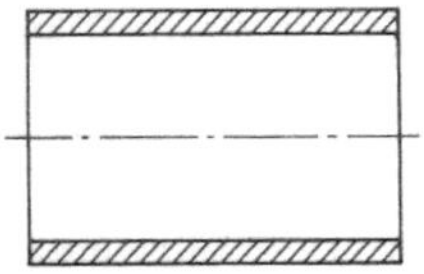 | D   Lagerbuchse<br>E   Casquillos de cojinete<br>F   Manchon<br>GB  Bearing sleeve<br>I   Bussola per cuscinetto<br>NL  Lagerbus<br>S   Hylsa<br>SF  Holkki |
| 6437.0 | | D   Lager mit Dichtscheibe(n)<br>E   Rodamiento estanco<br>F   Roulement étanche<br>GB  Sealed bearing<br>I   Cuscinetto a tenuta stagna<br>NL  Afdichtlager<br>S   Tätat lager<br>SF  Tiivistelaakeri |

| | | |
|---|---|---|
| **6437.1** | | D  Lager mit 1 Dichtscheibe<br>E  Rodamiento estanco con una placa de obturación<br>F  Roulement étanche à joint à une lèvre<br>GB  Single seal<br>I  Cuscinetto con uno schermo stagno<br>NL  Afdichtlager enkele afdichting<br>S  Tätat lager, enkel tätning<br>SF  Yksipuolinen tiivistelaakeri |
| **6437.2** | | D  Lager mit 2 Dichtscheiben<br>E  Rodamiento estanco con dos placas de obturación<br>F  Roulement étanche à joint à deux lèvres<br>GB  Double seal<br>I  Cuscinetto con due schermi stagni<br>NL  Afdichtlager dubbele afdichting<br>S  Tätat lager, dubbel tätning<br>SF  Kaksipuolinen tiivistelaakeri |
| **6438** | | D  Lagergehäuse<br>E  Caja de rodamiento<br>F  Braquette (a), boitard (b)<br>GB  Bearing housing<br>I  Alloggiamento del cuscinetto<br>NL  Lagerhuis<br>S  Lagerhus<br>SF  Laakeripesä |
| **6439.0** | | D  Axialgleitlager<br>E  Cojinete de empuje axial<br>F  Butée axiale à patins<br>GB  Plain thrust bearing<br>I  Cuscinetto liscio assiale<br>NL  Axiaal glijlager<br>S  Axialglidlager<br>SF  Aksiaaliliukulaakeri |
| **6439.1** | | D  Axialgleitlager, fest<br>E  Cojinete de empuje axial con patines fijas<br>F  Butée axiale à patins fixes<br>GB  Plain thrust bearing fixed<br>I  Cuscinetto liscio assiale a guida fissa<br>NL  Axiaal glijlager, vast<br>S  Fast axialglidlager<br>SF  Aksiaaliliukulaakeri, kiinteät segmentit |

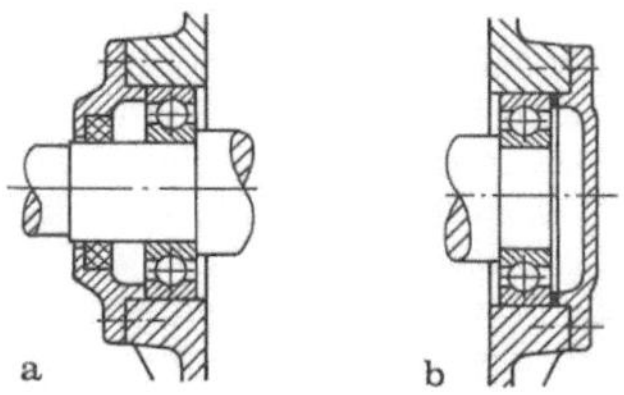

| **6439.2** | D Axialgleitlager mit Kippsegmenten<br>E Cojinete de empuje axial con patines oscilantes<br>F Butée axiale à patins oscillants<br>GB Plain thrust bearing tilt pads<br>I Cuscinetto liscio assiale a guida oscillante<br>NL Axiaal glijlager met axiale kantelblokjes<br>S Axialglidlager med rörliga segment<br>SF Aksiaaliliukulaakeri, asennoituvat segmentit |
| **6440.0** | D Radialgleitlager<br>E Cojinete liso radial<br>F Palier lisse radial<br>GB Plain radial bearing<br>I Cuscinetto liscio radiale<br>NL Radiaal glijlager<br>S Radialglidlager<br>SF Säteisliukulaakeri |
| **6440.1** | D Zylindrisches Radialgleitlager<br>E Cojinete liso radial cilíndrico<br>F Palier lisse radial cylindrique<br>GB Plain radial bearing clindrical<br>I Cuscinetto liscio radiale cilindrico<br>NL Cilindrisch radiaal glijlager<br>S Cylindriskt radialglidlager<br>SF Lieriömäinen säteisliukulaakeri |
| **6440.2** | D Radiallager mit Keilflächen<br>E Cojinete liso radial de lóbulos<br>F Palier lisse radial à lobes<br>GB Plain radial bearing with lobes<br>I Cuscinetto liscio radiale a lobi<br>NL Gelobd radiaal glijlager<br>S Radialglidlager med lob<br>SF Lohkoinen säteisliukulaakeri |
| **6440.3** | D Radiales Kippsegmentlager<br>E Cojineto liso de patines radiales oscilantes<br>F Palier lisse radial à patins radiaux oscillants<br>GB Plain bearing with radial tilt pads<br>I Cuscinetto liscio a guida radiale oscillante<br>NL Radiaal glijlager met radiale kantelblokjes<br>S Radialglidlager med rörliga segment<br>SF Säteisliukulaakeri, asennoituvat segmentit |

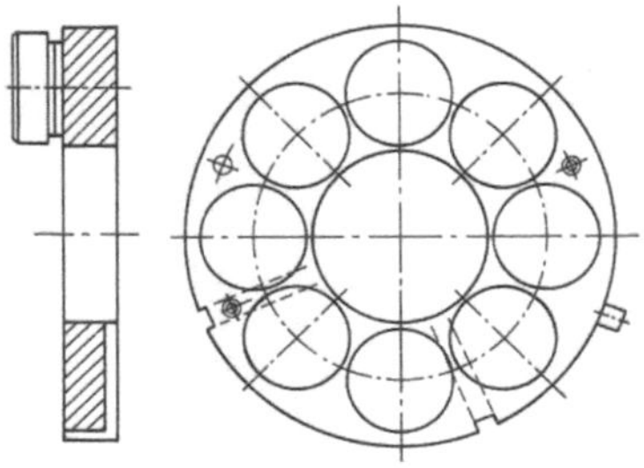

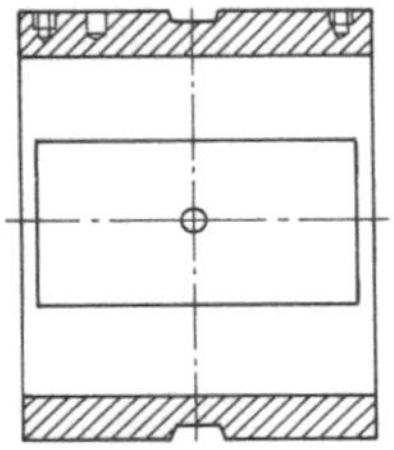

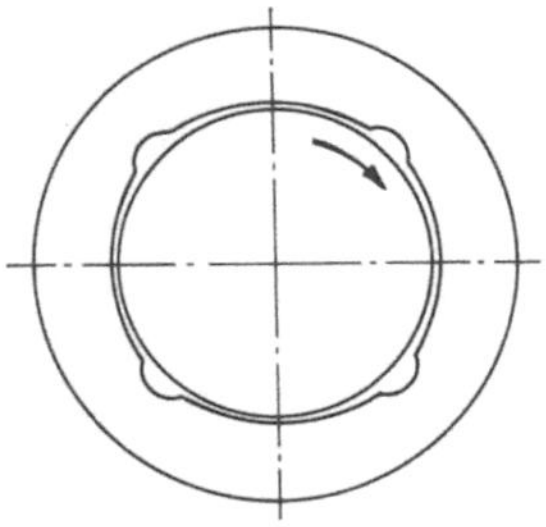

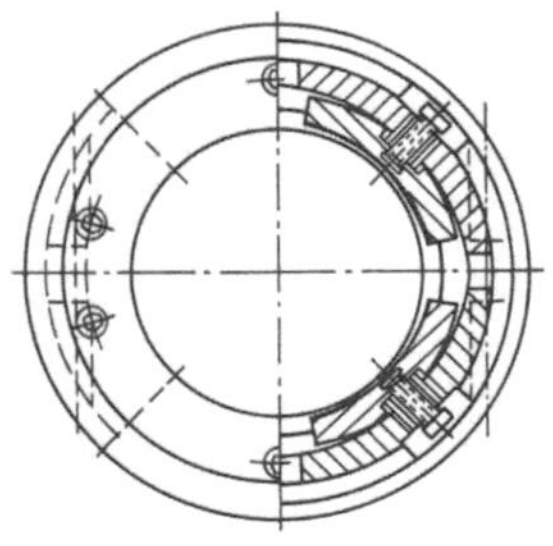

| | | |
|---|---|---|
| **6441** | | D   Hydrodynamisches Gleitlager<br>E   Cojinete liso hidrodinámico<br>F   Palier hydrodynamique<br>GB Plain hydrodynamic bearing<br>I   Cuscinetto idrodinamico<br>NL Hydrodynamisch glijlager<br>S   Hydrodynamiskt glidlager<br>SF Hydrodynaaminen liukulaakeri |
| **6442.0** | | D   Hydrostatisches Gleitlager<br>E   Cojinete liso hidrostático<br>F   Palier hydrostatique<br>GB Plain hydrostatic bearing<br>I   Cuscinetto idrostatico<br>NL Hydrostatisch glijlager<br>S   Hydrostatiskt glidlager<br>SF Hydrostaattinen liukulaakeri |
| **6442.1** | | D   Hydrostatisches Gleitlager mit Öldruck<br>E   Cojinete liso hidrostático con presión de aceite<br>F   Palier hydrostatique à pression d'huile<br>GB Plain hydrostatic bearing with oil pressure<br>I   Cuscinetto idrostatico a pressione d'olio<br>NL Hydrostatisch glijlager met oliedruk<br>S   Hydrostatiskt glidlager med oljetryck<br>SF Paineöljyhydrostaattinen liukulaakeri |
| **6442.2** | | D   Hydrostatisches Gleitlager mit Luftdruck<br>E   Cojinete liso hidrostático con presión de aire<br>F   Palier hydrostatique à pression d'air<br>GB Plain hydrostatic bearing with air pressure<br>I   Cuscinetto idrostatico a pressione d'aria<br>NL Hydrostatisch glijlager met luchtdruk<br>S   Hydrostatiskt glidlager med lufttryck<br>SF Paineilmahydrostaattinen liukulaakeri |
| **6443** | | D   Magnetgleitlager (ohne Kontakt)<br>E   Cojinete liso magnético (sin contacto)<br>F   Palier magnétique (sans contact)<br>GB Plain magnetic bearing (without contact)<br>I   Supporto magnetico (senza contatto)<br>NL Magnetisch glijlager (zonder kontakt)<br>S   Magnetiskt glidlager (utan kontakt)<br>SF Magneettinen liukulaakeri (ilman kosketusta) |

| | | |
|---|---|---|
| | | |
| **6500** | | D Schmierung<br>E Lubricación<br>F Lubrification<br>GB Lubrication<br>I Lubrificazione<br>NL Smering<br>S Smörjning<br>SF Voitelu |
| **6501** | | D Schmiermittel<br>E Lubricante<br>F Lubrifiant<br>GB Lubricant<br>I Lubrificante<br>NL Smeermiddel<br>S Smörjmedel<br>SF Voiteluaine |
| **6502.0** | | D Öl<br>E Aceite<br>F Huile<br>GB Oil<br>I Olio<br>NL Olie<br>S Olja<br>SF Öljy |
| **6502.1** | | D Mineralöl<br>E Aceite mineral<br>F Huile minérale<br>GB Mineral oil<br>I Olio minerale<br>NL Minerale olie<br>S Mineralolja<br>SF Mineraaliöljy |

| 6502.2 | | D Synthetiköl<br>E Aceite sintético<br>F Huile synthétique<br>GB Synthetic oil<br>I Olio sintetico<br>NL Syntetische olie<br>S Syntetisk olja<br>SF Synteettinen öljy |
|---|---|---|
| 6503.0 | | D Fett<br>E Grasa<br>F Graisse<br>GB Grease<br>I Grasso<br>NL Vet<br>S Fett<br>SF Rasva |
| 6503.1 | | D Mineralfett<br>E Grasa mineral<br>F Graisse minérale<br>GB Mineral grease<br>I Grasso minerale<br>NL Mineraal vet<br>S Mineralfett<br>SF Mineraalirasva |
| 6503.2 | | D Synthetikfett<br>E Grasa sintética<br>F Graisse synthétique<br>GB Synthetic grease<br>I Grasso sintetico<br>NL Syntetisch vet<br>S Syntetiskt fett<br>SF Synteettinen rasva |
| 6504 | | D Tauchschmierung<br>E Lubricación por barboteo<br>F Lubrification par barbotage<br>GB Dip lubrication<br>I Lubrificazione a sbattimento<br>NL Dompelsmering<br>S Doppsmörjning<br>SF Roiskevoitelu |

| | | |
|---|---|---|
| **6505** | | D Ringschmierung<br>E Lubricación por anillo de aceite<br>F Lubrification par bague<br>GB Lubrication by pick-up ring<br>I Lubrificazione con anelli<br>NL Ringsmering<br>S Ringsmörjning<br>SF Rengasvoitelu |
| **6506** | | D Zuführschmierung<br>E Lubricación ayudada<br>F Lubrification aménagée<br>GB Oil circulating system<br>I Lubrificazione non forzata<br>NL Oliegroefsmering<br>S Cirkulationssmörjning<br>SF Voitelu syöttökanaalien avulla |
| **6507** | | D Schmierrad<br>E Rueda de engrase<br>F Roue de lubrification<br>GB Lubricating wheel<br>I Ruota di lubrificazione<br>NL Smeerwiel<br>S Smörjhjul<br>SF Voiteluhammaspyörä |
| **6508** | | D Ölabstreifer<br>E Rascador de aceite<br>F Racleur d'huile<br>GB Oil scraper<br>I Raschiaolio<br>NL Olieschraper<br>S Oljeavstrykare<br>SF Öljylaahin |
| **6509** | | D Drucköischmierung<br>E Lubricación forzada<br>F Lubrification sous pression<br>GB Forced lubrication<br>I Lubrificazione forzata<br>NL Oliedruksmering<br>S Trycksmörjning<br>SF Painevoitelu |

| 6510 | | D Einspritzschmierung<br>E Lubricación por inyección<br>F Lubrification par injection<br>GB Spray lubrication<br>I Lubrificazione ad iniezione<br>NL Injektiesmering<br>S Sprutsmörjning<br>SF Suihkuvoitelu |
|---|---|---|
| 6511 | | D Ölrampe<br>E Distribuidor de aceite<br>F Rampe de lubrification<br>GB Oil spray pipe<br>I Canale di lubrificazione<br>NL Olieverdeler<br>S Oljefördelare<br>SF Suihkuputki |
| 6512 | | D Ölspritzdüse<br>E Difusor de aceite<br>F Diffuseur d'huile<br>GB Oil spray nozzle<br>I Diffusore dell'olio<br>NL Oliesproeier<br>S Oljespridare<br>SF Öljyn suihkutussuutin |
| 6513 | | D Ölleitblech<br>E Deflector de aceite<br>F Déflecteur d'huile<br>GB Oil flinger<br>I Deflettore dell'olio<br>NL Oliedeflector<br>S Oljestyrplåt<br>SF Öljyn ohjauslevy |
| 6514 | | D Ölbehälter<br>E Depósito de aceite<br>F Réservoir d'huile<br>GB Oil tank<br>I Serbatoio dell'olio<br>NL Oliereservoir<br>S Oljebehållare<br>SF Öljysäiliö |

| 6515.0 | | D Ölfilter<br>E Filtro de aceite<br>F Filtre à huile<br>GB Oil filter<br>I Filtro dell'olio<br>NL Oliefilter<br>S Oljefilter<br>SF Öljynsuodatin |
|---|---|---|
| 6515.1 | | D Ölfilter mit Patrone<br>E Filtro de aceite de cartucho<br>F Filtre à huile à cartouche<br>GB Cartridge oil filter<br>I Filtro dell'olio (a cartuccia)<br>NL Patroonfilter<br>S Patronfilter<br>SF Panosöljynsuodatin |
| 6515.2 | | D Ölfilter mit Magnet<br>E Filtro de aceite magnético<br>F Filtre à huile magnétique<br>GB Magnetic oil filter<br>I Filtro dell'olio (magnetico)<br>NL Magnetisch filter<br>S Magnetfilter<br>SF Magneettiöljynsuodatin |
| 6515.3 | | D Ölfilter mit Spalt<br>E Filtro de aceite de láminas<br>F Filtre à huile à lamelles<br>GB Laminated oil filter<br>I Filtro dell'olio (a lamelle)<br>NL Lamellenfilter<br>S Lamellfilter<br>SF Rakoöljynsuodatin |
| 6516 | | D Ölstand<br>E Nivel de aceite<br>F Niveau d'huile<br>GB Oil level<br>I Livello olio<br>NL Oliepeil<br>S Oljenivå<br>SF Öljynkorkeus |

| 6517 | | D Ölmenge<br>E Cantidad de aceite<br>F Quantité d'huile<br>GB Oil quantity<br>I Quantità d'olio<br>NL Olieinhoud<br>S Oljemängd<br>SF Öljymäärä |
| --- | --- | --- |
| 6518 | | D Ölsorte<br>E Tipo de aceite<br>F Type de l'huile<br>GB Oil grade<br>I Tipo d'olio<br>NL Olietype<br>S Oljetyp<br>SF Öljytyyppi |
| 6519 | | D Ölmeßstab<br>E Varilla de nivel de aceite<br>F Jauge de niveau d'huile<br>GB Dipstick<br>I Indicatore di livello olio<br>NL Oliepeilstaaf<br>S Oljesticka<br>SF Öljynkorkeuden mittatikku |
| 6520 | | D Ölstandsglas<br>E Visor de nivel de aceite<br>F Voyant de niveau d'huile<br>GB Oil level sight gauge<br>I Spia di livello olio<br>NL Oliepeilglas<br>S Oljeståndsglas<br>SF Öljylasi |
| 6521 | | D Stöpsel<br>E Tapón<br>F Bouchon<br>GB Plain plug<br>I Tappo<br>NL Dop<br>S Plugg<br>SF Tulppa |

| 6522 | | D Füllstopfen<br>E Tapón de llenado<br>F Bouchon de remplissage<br>GB Filter plug<br>I Tappo di carico<br>NL Vuldop<br>S Påfyllningsplugg<br>SF Täyttötulppa |
|------|--|--|
| 6523 | | D Ablaßstopfen<br>E Tapón de vaciado<br>F Bouchon de vidange<br>GB Drain plug<br>I Tappo di scarico<br>NL Aftapdop<br>S Avtappningsplugg<br>SF Poistotulppa |
| 6524 | | D Öldichtungsring<br>E Junta de estanquidad<br>F Joint d'étanchéïté<br>GB Oil seal<br>I Anello di tenuta<br>NL Afdichtring<br>S Oljetätring<br>SF Öljytiiviste |
| 6525 | | D Filzring<br>E Anillo de fieltro<br>F Anneau de feutre<br>GB Felt sealing-ring<br>I Anello di feltro<br>NL Viltring<br>S Filtring<br>SF Huoparengas |
| 6526 | | D Stopfbuchse<br>E Prensaestopas<br>F Presse étoupe<br>GB Stuffing box<br>I Premistoppa<br>NL Pakkingbus<br>S Packbox<br>SF Poksitiiviste |

| 6527 | | D Dichtring mit Lippen<br>E Retén de grasa a labios<br>F Joint à lèvres<br>GB Lipped seal<br>I Anello di tenuta a labbro<br>NL Afdichting met lippen<br>S Läpptätring<br>SF Huulitiiviste |
| --- | --- | --- |
| 6528 | | D Axialdichtung<br>E Junta de estanquidad axial<br>F Joint d'etanchéïte axial<br>GB Face seal<br>I Anello di tenuta assiale<br>NL Axiale afdichting<br>S Axial tätning<br>SF Aksiaalitiiviste |
| 6529 | | D Labyrinthdichtung<br>E Junta laberíntica<br>F Joint labyrinthe<br>GB Labyrinth seal<br>I Tenuta a labirinto<br>NL Labyrinth afdichting<br>S Labyrinttätning<br>SF Labyrinttitiiviste |
| 6530 | | D O-Ring<br>E Junta tórica<br>F Joint torique<br>GB O-ring<br>I Anello di tenuta torico (O-ring)<br>NL O-ring<br>S O-ring<br>SF O-rengas |
| 6531.0 | | D Dichtung<br>E Junta<br>F Joint<br>GB Gasket<br>I Guarnizione<br>NL Afdichting<br>S Tätning<br>SF Tiiviste |

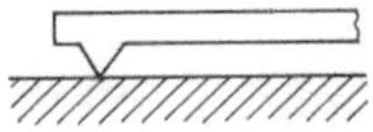

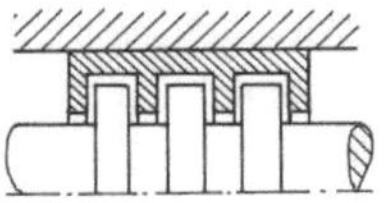

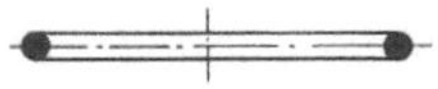

| 6531.1 | | D Papierdichtung<br>E Junta de papel<br>F Joint papier<br>GB Paper gasket<br>I Guarnizione di carta<br>NL Papierafdichting<br>S Papperstätning<br>SF Paperitiiviste |
|---|---|---|
| 6531.2 | | D Kunststoffdichtung<br>E Junta de plástico<br>F Joint plastique<br>GB Plastic gasket<br>I Guarnizione di plastica<br>NL Kunststofafdichting<br>S Plasttätning<br>SF Muovitiiviste |
| 6531.3 | | D Gummidichtung<br>E Junta de caucho<br>F Joint caoutchouc<br>GB Rubber gasket<br>I Guarnizione di gomma<br>NL Rubberafdichting<br>S Gummitätning<br>SF Kumitiiviste |
| 6531.4 | | D Flüssige Dichtung<br>E Junta líquida<br>F Joint liquide<br>GB Liquid gasket<br>I Guarnizione liquida<br>NL Vloeibare afdichting<br>S Flytande tätning<br>SF Nestemäinen tiiviste |
| 6532 | | D Ölfangblech<br>E Colector de aceite<br>F Collecteur d'huile<br>GB Oil catcher<br>I Collettore dell'olio<br>NL Olievanger<br>S Oljefångare<br>SF Öljynkokoaja |

| 6533 | | D Fettstopfbüchse<br>E Engrasador a grasa Stauffer<br>F Bac à graisse<br>GB Grease stuffing box<br>I Ingrassatore con coperchio a vite<br>NL Vetpot<br>S Smörjkopp<br>SF Rasvakuppi |
|---|---|---|
| 6534 | | D Schmiernippel<br>E Engrasador de bola<br>F Graisseur à bille<br>GB Grease nipple<br>I Ingrassatore a sfera<br>NL Smeernippel<br>S Smörjnippel<br>SF Voitelunippa |
| 6535 | | D Ölpumpe<br>E Bomba de aceite<br>F Pompe à huile<br>GB Oil pump<br>I Pompa dell'olio<br>NL Oliepomp<br>S Oljepump<br>SF Öljypumppu |
| 6536 | | D Kreiselpumpe<br>E Bomba centrífuga<br>F Pompe centrifuge<br>GB Centrifugal pump<br>I Pompa centrifuga<br>NL Centrifugaalpomp<br>S Centrifugalpump<br>SF Keskipakopumppu |
| 6537 | | D Kolbenpumpe<br>E Bomba de pistones<br>F Pompe à piston<br>GB Piston pump<br>I Pompa a pistoni<br>NL Zuigerpomp<br>S Kolvpump<br>SF Mäntäpumppu |

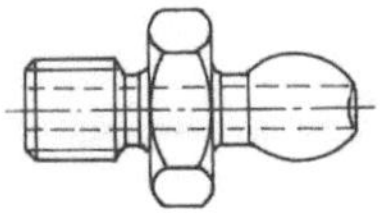

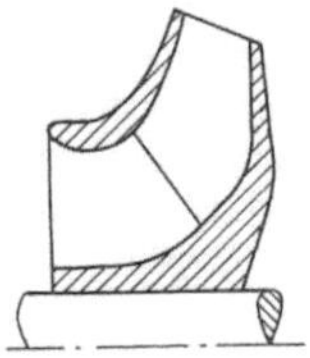

| 6538 | | D  Flügelzellenpumpe<br>E  Bomba de paletas<br>F  Pompe à palettes<br>GB  Vane pump<br>I  Pompa a palette<br>NL  Schroefpomp<br>S  Vingpump<br>SF  Siipipumppu |
|---|---|---|
| 6539 | | D  Zahnradpumpe<br>E  Bomba de engranajes<br>F  Pompe à engrenages<br>GB  Gear pump<br>I  Pompa ad ingranaggi<br>NL  Tandwielpomp<br>S  Kugghjulspump<br>SF  Hammaspyöräpumppu |
| 6540 | | D  Ölschirm<br>E  Protector de aceite<br>F  Ecran de protection d'huile<br>GB  Splash guard<br>I  Schermo per l'olio<br>NL  Oliescherm<br>S  Oljeskärm<br>SF  Roiskelevy |
| 6541 | | D  Fett-Abschirmplatte<br>E  Placa de retención de grasa<br>F  Plaque de retenue de graisse<br>GB  Grease retaining plate<br>I  Schermo di ritegno del grasso<br>NL  Vetafschermplaat<br>S  Fettskärm<br>SF  Rasvan suojalevy |
| 6542 | | D  Rohr<br>E  Tubo<br>F  Tuyau<br>GB  Pipe<br>I  Tubo<br>NL  Buis<br>S  Rör<br>SF  Putki |

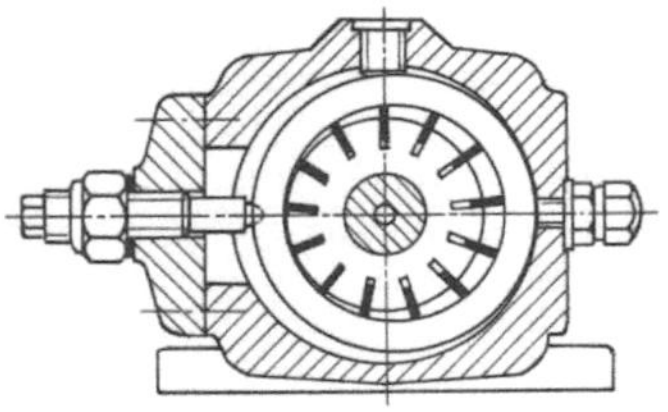

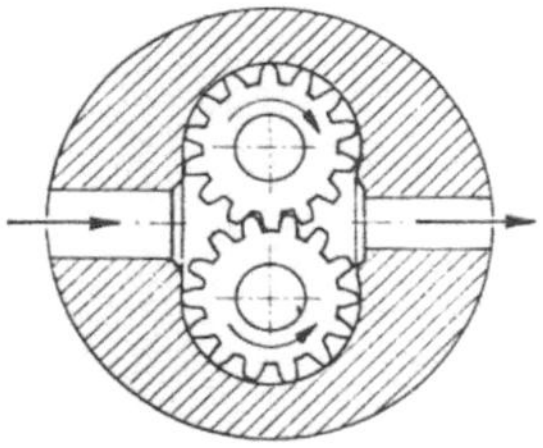

| 6543 | | D Flexibles Rohr<br>E Tubo flexible<br>F Tuyau flexible<br>GB Flexible pipe<br>I Tubo flessibile<br>NL Flexibele buis<br>S Böjligt rör<br>SF Taipuisa putki |
|---|---|---|
| 6544 | | D Zuflußleitung (Öl – Fett)<br>E Tubo de aspiración (aceite – grasa)<br>F Tuyau d'admission (huile – graisse)<br>GB Supply pipe (oil or grease)<br>I Tubo di immissione (olio – grasso)<br>NL Toevoer (olie – vet)<br>S Tilloppsledning (olja – fett)<br>SF Syöttöputki (öljy – rasva) |
| 6545 | | D Rückflußleitung (Öl)<br>E Tubería de retorno (aceite)<br>F Tuyau de retour (huile)<br>GB Drain pipe (oil)<br>I Tubo di ritorno (grasso)<br>NL Terugloop (olie)<br>S Returledning (olja)<br>SF Paluuputki (öljy) |
| 6546 | | D Überlaufrohr<br>E Tubería de rebose<br>F Tuyau de trop plein<br>GB Overflow pipe<br>I Tubo di troppo pieno<br>NL Overloop<br>S Överströmningsrör<br>SF Ylivuotoputki |
| 6547 | | D Verbindungsstück<br>E Unión<br>F Raccord<br>GB Connector<br>I Raccordo<br>NL Verbindingsstuk<br>S Förbindningsstycke<br>SF Liitin |

| | | |
|---|---|---|
| **6548** | | D Nippel<br>E Unión macho-hembra de reducción<br>F Mamelon<br>GB Nipple<br>I Nipplo<br>NL Nippel<br>S Nippel<br>SF Nippa |
| **6549** | | D Doppelnippel<br>E Unión doble macho<br>F Mamelon double<br>GB Double nipple<br>I Nipplo doppio<br>NL Dubbele nippel<br>S Dubbelnippel<br>SF Kaksoisnippa |
| **6550** | | D Reduziernippel<br>E Unión doble macho de reducción<br>F Raccord de réduction<br>GB Reducing connector<br>I Raccordo di riduzione<br>NL Verloopring<br>S Reducerring<br>SF Vähennysrengas |
| **6551** | | D Geradverbindung<br>E Unión doble hembra<br>F Raccord droit<br>GB Straight connector<br>I Raccordo diritto<br>NL Recht verbindingsstuk<br>S Rak förbindning<br>SF Suoraliitin |
| **6552** | | D Winkelverbindung<br>E Unión escuadra doble macho<br>F Raccord équerre<br>GB Right angle connector<br>I Raccordo a squadra<br>NL Haaks verbindingsstuk<br>S Vinkelförbindning<br>SF Kulmaliitin |

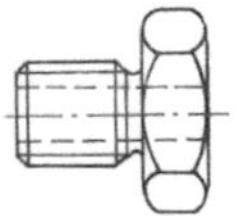

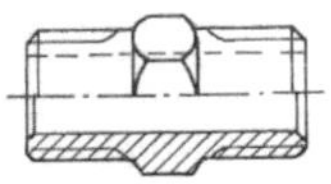

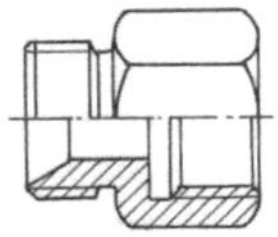

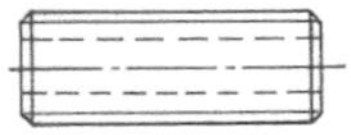

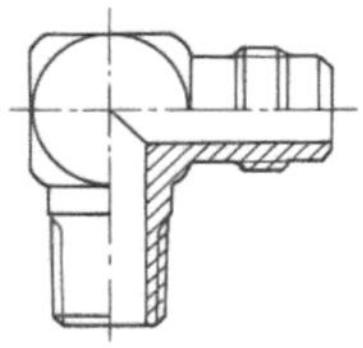

| 6553 | | D   Winkelverbindungsstück<br>E   Unión escuadra doble macho<br>F   Raccord coudé<br>GB  Elbow connector<br>I   Raccordo ad angolo<br>NL  Elboog<br>S   Vinkelförbindningsstycke<br>SF  Kulmaliitin |
| --- | --- | --- |
| 6554 | | D   T-Verbindungsstück<br>E   Unión en T<br>F   Raccord en T<br>GB  T-connector<br>I   Raccordo a T<br>NL  T-stuk<br>S   T-förbindningsstycke<br>SF  T-kappale |
| 6555 | | D   Drehbares Verbindungsstück<br>E   Racor orientable<br>F   Raccord tournant<br>GB  Rotating joint<br>I   Raccordo orientabile<br>NL  Roterende verbinding<br>S   Rörligt förbindningsstycke<br>SF  Pyörivä liitin |
| 6556 | | D   Ablaßhahn<br>E   Grifo de vaciado<br>F   Robinet de vidange<br>GB  Drain tap<br>I   Rubinetto di svuotamento (o di scarico)<br>NL  Aftapkraan<br>S   Avtappningskran<br>SF  Tyhjennyshana |
| 6557 | | D   Hahn<br>E   Grifo<br>F   Robinet<br>GB  Tap<br>I   Rubinetto<br>NL  Afsluiter<br>S   Kran<br>SF  Hana |

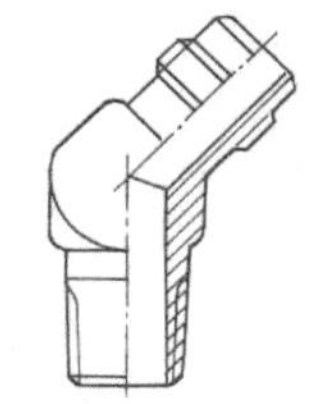

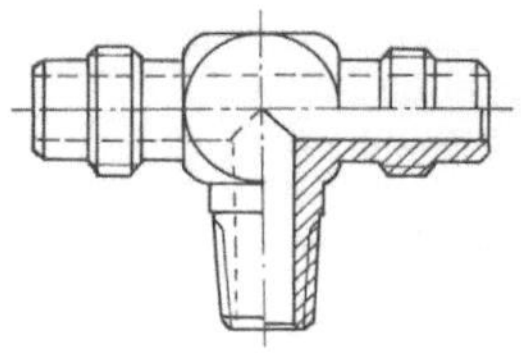

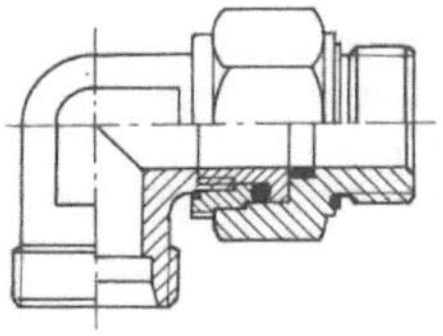

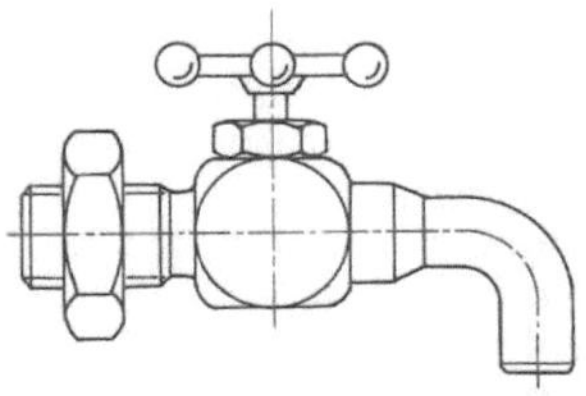

| 6558 | | D Ventil<br>E Válvula<br>F Vanne<br>GB Valve<br>I Valvola<br>NL Klep<br>S Ventil<br>SF Venttiili |
|---|---|---|
| 6559 | | D Rückschlagventil<br>E Válvula de retención<br>F Clapet de retenue<br>GB Non-return valve<br>I Valvola di ritegno<br>NL Terugslagklep<br>S Backventil<br>SF Takaiskuventtiili |
| 6560 | | D Überdruckventil<br>E Válvula de sobrepresión<br>F Clapet de décharge<br>GB Relief valve<br>I Valvola limitatrice di pressione<br>NL Overdrukklep<br>S Övertrycksventil<br>SF Ylipaineventtiili |
| 6561 | | D Überströmventil<br>E Válvula by-pass<br>F By-pass<br>GB By-pass valve<br>I Valvola By-pass<br>NL Overstroomklep<br>S Överströmningsventil<br>SF Ohivirtausventtiili |
| 6562 | | D Durchflußanzeiger<br>E Indicador de circulación de líquido<br>F Indicateur circulation de liquide<br>GB Flow indicator<br>I Indicatore di circolazione del liquido<br>NL Circulatieaanwijzer<br>S Flödesindikator<br>SF Virtauksen osoitin |

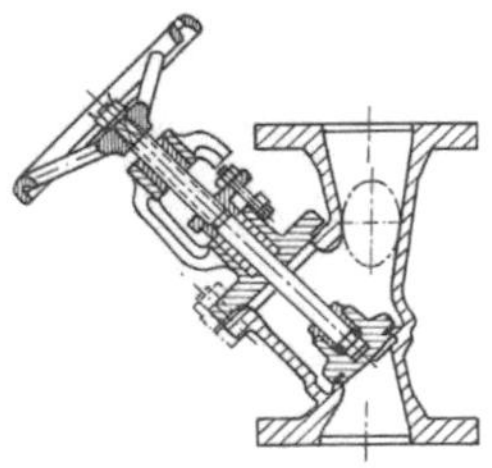

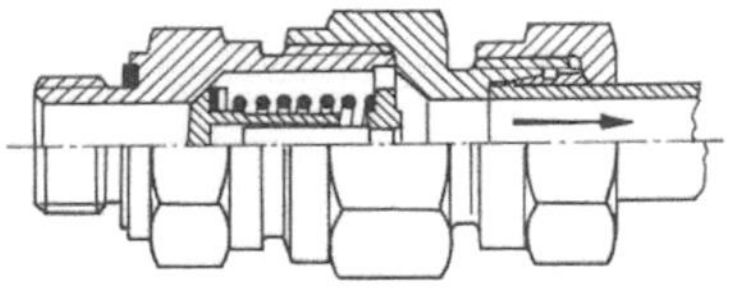

| 6563 | | D Ablaßventil<br>E Aireador<br>F Reniflard<br>GB Breather<br>I Sfiato<br>NL Ontluchting<br>S Ventilationsplugg<br>SF Huohotin |
|---|---|---|
| 6564 | | D Manometer<br>E Manómetro<br>F Manomètre<br>GB Pressure gauge<br>I Manometro<br>NL Manometer<br>S Manometer<br>SF Painemittari |
| 6565 | | D Druckschalter<br>E Presostato<br>F Pressostat<br>GB Pressure controller<br>I Pressostato<br>NL Drukschakelaar<br>S Pressostat<br>SF Painekytkin |
| 6566 | | D Blende<br>E Diafragma<br>F Diaphragme<br>GB Fixed flow controller<br>I Diaframma<br>NL Vernauwing<br>S Konstantflödesvakt<br>SF Kuristuslaatta |
| 6567 | | D Thermometer<br>E Termómetro<br>F Thermomètre<br>GB Temperature gauge<br>I Termometro<br>NL Termometer<br>S Termometer<br>SF Lämpömittari |

| 6568 | | D Temperaturregler<br>E Termostato<br>F Thermostat<br>GB Thermostat<br>I Termostato<br>NL Termostaat<br>S Termostat<br>SF Termostaatti |
|---|---|---|
| 6569.0 | | D Kühler<br>E Refrigerador<br>F Réfrigérant<br>GB Cooler<br>I Scambiatore di calore<br>NL Koeler<br>S Kylare<br>SF Jäähdytin |
| 6569.1 | | D Luftkühler<br>E Refrigerador de aire<br>F Air réfrigérant<br>GB Air cooler<br>I Scambiatore di calore ad aria<br>NL Luchtkoeler<br>S Luftkylare<br>SF Ilmajäähdytin |
| 6569.2 | | D Wasserkühler<br>E Refrigerador de agua<br>F Eau réfrigérante<br>GB Water cooler<br>I Scambiatore di calore ad acqua<br>NL Waterkoeler<br>S Vattenkylare<br>SF Vesijäähdytin |
| 6569.3 | | D Ölkühler<br>E Refrigerador de aceite<br>F Huile réfrigérante<br>GB Oil cooler<br>I Scambiatore di calore ad olio<br>NL Oliekoeler<br>S Oljekylare<br>SF Öljyjäähdytin |

| 6570 | | D Ventilator<br>E Ventilador<br>F Ventilateur<br>GB Cooling fan<br>I Ventilatore<br>NL Ventilator<br>S Fläkt<br>SF Tuuletin |
|---|---|---|
| 6571 | | D Kühlschlange<br>E Serpentín refrigerador<br>F Serpentin réfrigérant<br>GB Cooling coil<br>I Serpentina di raffreddamento<br>NL Koelslang<br>S Kylslinga<br>SF Jäähdytyskierukka |
| 6572 | | D Heizschlange<br>E Serpentín calefactor<br>F Serpentin de chauffage<br>GB Heating coil<br>I Serpentina di riscaldamento<br>NL Verwarmingsslang<br>S Värmeslinga<br>SF Lämmityskierukka |
| 6573 | | D Tauchsieder<br>E Calentador de inmersión<br>F Canne de chauffage<br>GB Immersion heater<br>I Candela di riscaldamento<br>NL Verwarmingsbuis<br>S Doppvärmare<br>SF Vastuslämmitin |
| | | |

| | | |
|---|---|---|
| **6600** | | D Anwendungen<br>E Aplicaciones<br>F Applications<br>GB Applications<br>I Applicazioni<br>NL Toepassingen<br>S Applikationer<br>SF (Applications) Käyttöalueet |
| **6601** | | D Rührwerke<br>E Agitadores<br>F Agitateurs<br>GB Agitators<br>I Agitatori<br>NL Roerders<br>S Omrörare<br>SF Sekoittimet |
| **6602** | | D Gebläse<br>E Soplantes<br>F Soufflantes<br>GB Blowers<br>I Soffianti<br>NL Blaasinstallaties<br>S Blåsmaskiner<br>SF Puhaltimet |
| **6603** | | D Brauereien und Brennereien<br>E Cervecerías y destilerías<br>F Brasseries et distilleries<br>GB Brewing and distilling<br>I Birrerie e distillerie<br>NL Brouwerijen en stokerijen<br>S Bryggeri och destillerimaskiner<br>SF Panimo- ja tislausteollisuus |
| **6604** | | D Dosenfüllmaschinen<br>E Máquinas de rellenar latas de conserva<br>F Machines à remplir les boîtes de conserve<br>GB Can filling machines<br>I Macchine per l'industria conserviera (riempimento)<br>NL Inblikmachines<br>S Fyllningsmaskiner<br>SF Purkituskoneet |

| 6605 | | D  Waggonkipper<br>E  Volcadores de vagones<br>F  Culbuteurs de wagons<br>GB  Dumpers<br>I  Scaricatori a rovesciamento (di carri merci)<br>NL  Kipinstallaties voor wagons<br>S  Vagnvändare<br>SF  Vaunun kippauslaitteet |
| --- | --- | --- |
| 6606 | | D  Kläranlagen<br>E  Clarificadores<br>F  Machines de clarification<br>GB  Clarifiers<br>I  Impianti di depurazione<br>NL  Klaarinstallaties<br>S  Lutklarare<br>SF  Selkeytyslaitteet |
| 6607 | | D  Klassiersiebe<br>E  Clasificadores<br>F  Machines de tri<br>GB  Classifiers<br>I  Vagliatrici<br>NL  Sorteeders<br>S  Sorteringsmaskiner<br>SF  Lajittelulaitteet |
| 6608 | | D  Tonverarbeitungsmaschinen<br>E  Maquinaria para ladrillería<br>F  Briqueteries<br>GB  Clay working machinery<br>I  Macchine per la lavorazione dell'argilla<br>NL  Steenbakkerijen<br>S  Tegelmaskiner<br>SF  Tiiliteollisuuden koneet |
| 6609 | | D  Kompressoren<br>E  Compresores<br>F  Compresseurs<br>GB  Compressors<br>I  Compressori<br>NL  Kompressoren<br>S  Kompressorer<br>SF  Kompressorit |

| 6610 | | D Förderanlagen<br>E Transportadores<br>F Transporteurs<br>GB Conveyors<br>I Trasportatori<br>NL Transporteurs<br>S Transportörer<br>SF Kuljettimet |
|---|---|---|
| 6611 | | D Krane<br>E Gruas<br>F Grues<br>GB Cranes<br>I Gru<br>NL Kranen<br>S Kranar<br>SF Nosturit |
| 6612 | | D Brecher<br>E Trituradoras<br>F Concasseurs<br>GB Crushers<br>I Frantoi<br>NL Brekers<br>S Krossar<br>SF Murskaimet |
| 6613 | | D Bagger<br>E Dragas<br>F Dragues<br>GB Dredges<br>I Draghe<br>NL Baggers<br>S Mudderverk<br>SF Kaivinkoneet |
| 6614 | | D Trockendockkrane<br>E Gruas de dique seco<br>F Grues pour cales sèches<br>GB Dry dock cranes<br>I Gru per bacino di carenaggio<br>NL Droogdokkranen<br>S Varvskranar<br>SF Kuivatelakkanosturit |

| | | |
|---|---|---|
| **6615** | | D Hebewerke<br>E Elevadores<br>F Elévateurs<br>GB Elevators<br>I Elevatori<br>NL Elevatoren<br>S Elevatorer<br>SF Elevaattorit |
| **6616** | | D Strangpressen<br>E Máquinas de extrusíón<br>F Extrudeuses<br>GB Extruders<br>I Estrusori<br>NL Strengpersen<br>S Extruder<br>SF Extruuderit |
| **6617** | | D Ventilatoren<br>E Ventiladores<br>F Ventilateurs<br>GB Fans<br>I Ventilatori<br>NL Ventilatoren<br>S Fläktar<br>SF Tuulettimet |
| **6618** | | D Zuführvorrichtungen<br>E Distribuidores (alimentadores)<br>F Distributeurs<br>GB Feeders<br>I Alimentatori<br>NL Toevoerinrichtingen<br>S Matare<br>SF Syöttölaitteet |
| **6619** | | D Nahrungsmittelindustrie<br>E Industrias alimentarias<br>F Industrie alimentaire<br>GB Food industry<br>I Industria alimentare<br>NL Voedingsindustrie<br>S Livsmedelsindustri<br>SF Elintarviketeollisuus |

| 6620 | | D Generatoren<br>E Generadores<br>F Génératrices<br>GB Generators<br>I Generatori elettrici<br>NL Generatoren<br>S Generatorer<br>SF Generaattorit |
| --- | --- | --- |
| 6621 | | D Hammermühlen<br>E Trituradoras de martillos<br>F Broyeurs à marteaux<br>GB Hammer mills<br>I Molini a martelli<br>NL Hamermolens<br>S Hammarkvarnar<br>SF Vasaramyllyt |
| 6622 | | D Waschmaschinen<br>E Máquinas industriales de lavar<br>F Machines à laver industrielles<br>GB Laundry washers<br>I Macchine lavatrici<br>NL Industriële wasmachines<br>S Tvättmaskiner<br>SF Pesukoneet |
| 6623 | | D Trommeltrockner<br>E Secadoras centrífugas<br>F Essoreuses<br>GB Laundry tumblers<br>I Essiccatrici centrifughe<br>NL Centrifugale droogzwierders<br>S Torktumlare<br>SF Kuivausrummut |
| 6624 | | D Transmissionswellen<br>E Ejes de transmisión<br>F Arbres de transmission<br>GB Line shafts<br>I Alberi di trasmissione<br>NL Transmissie-assen<br>S Transmissionsaxlar<br>SF Valta-akselit |

| 6625 | | D Holzindustrie<br>E Industria de la madera<br>F Industrie du bois<br>GB Lumber industry<br>I Industria del legno<br>NL Houtindustrie<br>S Träindustri<br>SF Sahateollisuus |
| --- | --- | --- |
| 6626 | | D Werkzeugmaschinen<br>E Máquinas-herramienta<br>F Machines-outils<br>GB Machine-tools<br>I Macchine utensili<br>NL Werkuigmachines<br>S Verktygsmaskiner<br>SF Työstökoneet |
| 6627 | | D Metallmühlen<br>E Industria metalúrgica<br>F Usines métallurgiques<br>GB Metal mills<br>I Macchine per metallurgia<br>NL Metaalindustrie<br>S Metallindustri<br>SF Metalliteollisuus |
| 6628 | | D Drehmühlen<br>E Molinos rotativos<br>F Broyeurs, type rotatif<br>GB Mills, rotary type<br>I Molini rotativi<br>NL Molens, roterende type<br>S Kvarnar, roterande typ<br>SF Myllyt ja rummut, pyörivät tyypit |
| 6629 | | D Mischer<br>E Mezcladores<br>F Mélangeurs<br>GB Mixers<br>I Mescolatori<br>NL Mengers<br>S Blandare<br>SF Sekoittimet |

| 6630 | | D Ölindustrie<br>E Industria petrolífera<br>F Industrie du pétrole<br>GB Oil industry<br>I Industria petrolifera<br>NL Petroleumindustrie<br>S Oljeindustri<br>SF Öljyteollisuus |
| --- | --- | --- |
| 6631 | | D Papiermühlen<br>E Fábricas de papel<br>F Fabriques de papier<br>GB Paper mills<br>I Industria cartaria<br>NL Papierfabrieken<br>S Pappersfabriker<br>SF Paperiteollisuus |
| 6632 | | D Kunststoffindustrie<br>E Industria de plásticos<br>F Industrie des matières plastiques<br>GB Plastics industry<br>I Industria della plastica<br>NL Kunststofindustrie<br>S Plastindustri<br>SF Muoviteollisuus |
| 6633 | | D Druckmaschinen<br>E Prensas de imprimir<br>F Presses à imprimer<br>GB Printing presses<br>I Presse per stampa<br>NL Drukpersen<br>S Tryckpressar<br>SF Painokoneet |
| 6634 | | D Pumpen<br>E Bombas<br>F Pompes<br>GB Pumps<br>I Pompe<br>NL Pompen<br>S Pumpar<br>SF Pumput |

| | | |
|---|---|---|
| **6635** | | D Gummiindustrie<br>E Industria del caucho<br>F Industrie du caoutchouc<br>GB Rubber industry<br>I Industria della gomma<br>NL Rubberindustrie<br>S Gummiindustri<br>SF Kumiteollisuus |
| **6636** | | D Abwasserkläranlagen<br>E Estaciones depuradoras<br>F Stations d'épuration<br>GB Sewage disposal equipment<br>I Stazioni di depurazione delle acque<br>NL Waterzuiveringinstallaties<br>S Vattenreningsverk<br>SF Jäteveden puhdistuslaitokset |
| **6637** | | D Siebe<br>E Filtros (cribas)<br>F Cribles<br>GB Screens<br>I Crivelli<br>NL Zeven<br>S Siktar<br>SF Sihdit |
| **6638** | | D Brammeneinstoßvorrichtungen<br>E Empujadoras de lingotes<br>F Pousseurs de lingots<br>GB Slab pushers<br>I Spingitori di lingotti<br>NL Slabs-duwers<br>S Blockmatare<br>SF Aihion syöttäjät |
| **6639** | | D Feuerungsvorrichtungen<br>E Cargadoras (apiladoras)<br>F Chargeurs mécaniques<br>GB Mechanical stokers<br>I Caricatori meccanici<br>NL Mechanische hardladers<br>S Skruvmatare<br>SF Tulipesälaitteet |

| | | |
|---|---|---|
| **6640** | | D   Zuckerindustrie<br>E   Industria azucarera<br>F   Industrie sucrière<br>GB  Sugar industry<br>I   Zuccherifici<br>NL  Suikerindustrie<br>S   Sockerindustri<br>SF  Sokeriteollisuus |
| **6641** | | D   Textilindustrie<br>E   Industria textil<br>F   Industrie textile<br>GB  Textile industry<br>I   Industria tessile<br>NL  Textielindustrie<br>S   Textilindustri<br>SF  Tekstiiliteollisuus |
| **6642** | | D   Fahrzeuge<br>E   Vehículos<br>F   Véhicules<br>GB  Vehicles<br>I   Veicoli<br>NL  Voertuigen<br>S   Fordon<br>SF  Autot |
| **6643** | | D   Hebewinden<br>E   Cabrestantes de elevación<br>F   Treuils de levage<br>GB  Lifting devices<br>I   Argani e verricelli<br>NL  Hijslieren, Windassen, Hijstrommels<br>S   Ankarspel, spel, hissverk<br>SF  Vintturit |
| | | |

®
FSC
www.fsc.org
MIX
Papier aus verantwortungsvollen Quellen
Paper from responsible sources
FSC® C105338